高职高专"十三五"规划教材

机械识图
及三维快速成型技术

姚晓平　谷连旺　主编
张　鑫　李　丽　林　涛　副主编

化学工业出版社
·北京·

随着信息技术的发展，传统制造业已与计算机技术紧密结合，出现了新的机械产品生产思路：个性化设计→三维建模→3D成型→批量生产。企业已普遍采用三维造型软件从事产品的设计开发工作。而二维图样不再是产品设计、制造中所必需的技术文件。社会将进入到三维造型设计的时代。本书重新设计了机械制图教学内容与教学方法，以三维实体设计和造型为主，重构了体现机械零部件的图样识读、产品测绘的工作过程性知识与技能体系的学习领域，实现了理论与实践的一体化及"教、学、做"的一体化，突出基本技能的训练，强化应用、绘图和读图技能。本书可作为高职高专"机械制图"课程的教材，也可供相关工程技术人员参考。

图书在版编目（CIP）数据

机械识图及三维快速成型技术/姚晓平，谷连旺主编. —北京：化学工业出版社，2018.5
高职高专"十三五"规划教材
ISBN 978-7-122-31793-3

Ⅰ.①机… Ⅱ.①姚…②谷… Ⅲ.①机械图-识图-高等职业教育-教材②机械制图-高等职业教育-教材
Ⅳ.①TH126

中国版本图书馆 CIP 数据核字（2018）第 054424 号

责任编辑：刘丽菲
责任校对：边　涛　　　　　　　　　　装帧设计：刘丽华

出版发行：化学工业出版社（北京市东城区青年湖南街 13 号　邮政编码 100011）
印　　装：中煤（北京）印务有限公司
787mm×1092mm　1/16　印张 13¾　字数 340 千字　2018 年 9 月北京第 1 版第 1 次印刷

购书咨询：010-64518888（传真：010-64519686）　售后服务：010-64518899
网　　址：http://www.cip.com.cn
凡购买本书，如有缺损质量问题，本社销售中心负责调换。

定　　价：39.80 元

　　中国制造 2025 对人才有了更高的期许，为了培养高素质的创造型人才，本书以工程制图课程教学基本要求为基础，突出了技能训练。结合前期课程教学经验，本书首先以识图和制图标准导入；然后以三维设计软件为平台，完成模型的三维建模设计和再识图；接着引入 3D 打印技术，完成模型的制造过程；最后设计了工程训练以熟悉机械制图和三维快速成型技术。通过完成个性化设计、制造、装配的任务，培养学生的产品识图能力以及三维构形思维和创新能力。

　　本书采用的三维软件——Autodesk Inventor 2016 是美国 Autodesk 公司开发的三维数字化实体模拟软件。与其他同类产品相比，Inventor 在用户界面设计、三维运算速度和显示着色功能方面有突破性进展。Inventor 建立在 ACIS 三维实体模拟核心上，摒弃了许多不必要的操作而保留最常用的基于特征的模拟功能。Inventor 不仅简化了用户界面、缩短了学习周期，而且大大加快了运算及着色速度。这样就缩短了用户设计意图的产生与系统反应时间之间的距离，从而最小限度地影响设计人员的创意发挥。鉴于目前二维工程图还在应用，本书以现行国家标准，着重介绍由三维实体建模生成符合当前国家标准的二维工程图，因此工程图表达和识图方法仍然是本书的重点内容。

　　为了方便老师教学和学生学习使用，本书配有教学素材库、习题等电子文档，可登录化学工业出版社教学资源网（www.cipedu.com.cn）获取也可发邮件至 jxstjswkscxjs@163.com 获取。

　　本书由姚晓平、谷连旺任主编；张鑫、李丽、林涛任副主编。工程一由李丽编写，主要介绍工程识图及标准；工程二由张鑫编写，主要介绍三维建模技术；工程三由姚晓平、谷连旺共同编写，主要介绍 3D 打印技术；工程四由张鑫、姚晓平、林涛、谷连旺共同编写，主要介绍完整工程图的设计和成型技术；薛二阳、谷宏等参与了部分章节的编写；最后由姚晓平统稿。

　　魏小林对本书提出了许多宝贵意见和建议，在此表示衷心的感谢。

　　在编写本书的过程中参考了国内外一些同类著作，相关书目已作为参考文献列于书末，在此向这些著作的作者表示深深的谢意。

　　由于编者水平有限，书中错误及疏漏之处在所难免，敬请读者批评指正。

编　者
2018 年 5 月

工程一　机械零件图的识读和绘制

工程二　CAD 三维建模技术

工程三　3D 打印技术

工程四　工程训练

工程一
机械零件图的识读和绘制

语言和文字是交流思想的工具。人们可以用语言或文字来表达自己的思想，但是如果用语言或文字来表达物体的形状和大小是很困难的。因此，表达物体形状和大小的图样，就成为生产中不可缺少的技术文件了。设计者通过图样来表达设计对象；制造者通过图样来了解设计要求，并依据图样来制造机器；使用者也通过图样来了解机器的结构和使用性能；在各种技术交流活动中，图样也是不可缺少的。因此，图样被称为工程技术的语言，工程画被称为"工程话"。

不同的生产部门对图样有不同的要求，建筑工程中使用的图样称为建筑图样，机械制造业中使用的图样称为机械图样。机械制图就是研究机械图样的一门课程。人们在工厂里经常听到这样一句话，就是"按图施工"，如果我们没有掌握机械制图的知识，就无法做到按图施工。这就从一个侧面告诉我们，图样在工业生产中有着极其重要的地位和作用。

我国在工程图学方面有着悠久的历史，据出土文物考证，早在一万多年前的新石器时代，我国人民就能够绘制一些简单的几何图形。西安半坡出土的仰韶期彩盆上有人面形和鱼形图案；甘肃省出土的彩陶罐的表面画有剖视表示的捕获野兽的陷阱图等。三千多年前，我国劳动人民就创造了"规、矩、绳、墨、悬、水"等绘图工具。宋代刊印的《营造法式》是我国较早的建筑典籍之一，书中印有大量的建筑图样，这些图样与近代工程制图表示方法基本相似。

随着科学技术的突飞猛进，制图理论与技术等到得到很大的发展，尤其是在电子技术迅速发展的今天，计算机绘图在工业生产的各个领域已经得到了广泛应用。

1. 机械制图研究的对象和内容

在工程技术中，将物体按一定的投影方法和技术规定表达在图纸上，以正确表示出机器、设备及建筑物的形状、大小、规格和材料等内容，这种图纸称之为工程图样。

2. 机械制图的性质和任务

机械制图是研究产品表达规律及方法的一门学科，包括创建、绘制、阅读三维与二维技术图样，主要是机械技术图样。

机械制图的学习任务主要有以下几点：

（1）培养学生的空间形体表达能力和空间想象能力，逐步提高学生的三维形体构思能力和创新性的三维形体设计能力，为工程设计奠定基础；

（2）学习投影理论和正确的图学思维方法，培养学生用投影法表达三维形体的能力；

（3）培养学生使用绘图软件进行三维表达与二维表达的能力，即培养学生的计算机绘图、仪器绘图和徒手绘草图的能力以及阅读各种介质存储的图样的能力；

（4）培养学生的工程意识，贯彻、执行国家标准；

（5）培养学生的自学能力、分析和解决问题的能力以及耐心细致的工作作风和认真负责的工作态度。

通过学习机械制图的三维造型、投影理论等相关知识，可有效地开发学习者的智力，提高其综合素质。

3. 机械制图的学习方法

机械制图的特点是既有系统理论又偏重于实践。

要反复画图和读图等才能逐步掌握机械制图知识。

"画图"——将实物或头脑中的三维形体用三维建模技术或根据投影原理采用适当的表达方法表达出来。

"读图"——查看三维模型或采用形体分析法逆向思考转化为头脑中的三维形体。

（1）人获取知识并能灵活地运用知识必须经过感觉、知觉、记忆、思维、应用等过程。结合教学进度，加强对教学过程中使用的模型、零件、部件的感性认识，为提高空间构思设计能力积累形体资料。

（2）从概念入手，认真学习投影理论和图学思维方法，打破思维定势，改善思维品质，为今后的学习和工作中能更好地获取知识、运用知识，创造性地解决所遇到的问题打下基础。

（3）正确处理投影理论、造型技术与计算机绘图、计算机造型的关系，前者是基础理论，后者是再现理论的手段，避免不重视基础理论。

（4）空间思维能力和空间想象能力的培养是循序渐进的，因此，在学习过程中必须随时进行从空间形体到平面图形和平面图形到空间形体的互相联想的思维活动，只有这样才能真正掌握投影理论。

（5）上课认真听讲、积极思考，课后争取独立完成作业。只有通过一定数量的练习才能深入理解、掌握投影理论和图学思维方法。

（6）严格遵守国家标准，努力做到设计的技术图样正确规范。这是进行技术交流和指导、管理生产必备的素质。

在学习过程中，有意识地培养自己的工程意识、标准意识；有意识地培养自己的自学能力和创新能力，这是 21 世纪优秀科技人才必须具备的基本素质。

项目一　制图基本知识

技术图样的表达、交流设计思想的职能是以技术标准的制定和实施为基础来实现的，因此，学习制图不应只掌握投影理论和建模技术，以及绘制图样、阅读图样的技能和技巧，还应掌握国家标准中关于制图的一些规定。

任务一　认知制图国家标准

我国国家标准按属性分为强制性的（代号为"GB"）、推荐性的（代号为"GB/T"）、指导性的（代号为"GB/Z"）三种。

为适应生产发展和技术交流的需要，对图样的绘制方法、绘图格式及绘图规则等作出统一的规定，为此我国在 1959 年发布了国家标准《机械制图》，之后又作了几次重大修改，使其进一步向国际标准化靠拢，有利于工程技术的国际交流。

一、图纸幅面及格式（GB/T 14689—2008）

1. 图幅

基本图幅及其尺寸见表 1.1.1.1，图框格式见图 1.1.1.1。

表 1.1.1.1　基本图幅及其尺寸　　　　　　　　　　　单位：mm

幅面代号		A0	A1	A2	A3	A4
尺寸 $B \times L$		841×1189	594×841	420×594	297×420	210×297
边框	a	25				
	c	10			5	
	e	20			10	

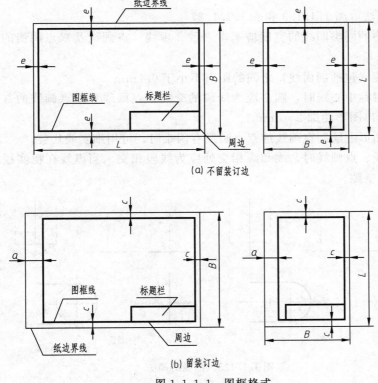

（a）不留装订边

（b）留装订边

图 1.1.1.1　图框格式

2. 标题栏

通常标题栏位于图框的右下角，看图的方向应与标题栏的方向一致。《技术制图　标题栏》（GB/T 10609.1—2008）规定了两种标题栏格式，图 1.1.1.2 是第一种标题栏的格式、分栏及尺寸。

二、图线（GB/T 4457.4—2002 和 GB/T 17450—1998）

（1）图线型式及应用　机件的图样是用各种不同粗细和型式的图线画成的。不同的线型有不同的用途如表 1.1.1.2 是基本线型。

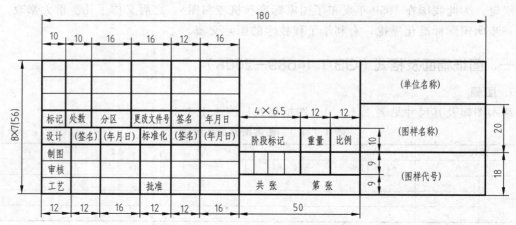

图 1.1.1.2　标题栏格式、分栏及尺寸

（2）图线的画法（图 1.1.1.3 和表 1.1.1.2）

① 同一图样中的同类图线的宽度应基本一致。虚线、点画线及双点画线的线段长度和间隔应各自大致相等。

② 两条平行线（包括剖面线）之间的距离不小于 0.7mm。

③ 绘制圆的对称中心线时，圆心应为线段的交点。点画线和双点画线的首末两端应是线段。中心线应超出图形轮廓 2~5mm。

④ 在较小的图形上绘制点画线或双点画线有困难时，可用细实线代替。

⑤ 在绘制虚线、点画线时，线和线相交处应为线段相交。当虚线在粗实线的延长线上时，在分界处要留空隙。

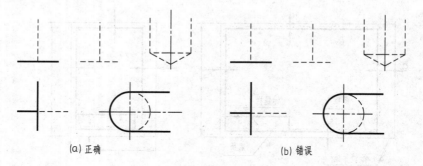

(a) 正确　　　　　　　　　　(b) 错误

图 1.1.1.3　图线的画法

表 1.1.1.2　线型及应用

序号	线型	名称	一般应用
1	————————	细实线	过渡线、尺寸线、尺寸界线、剖面线指引线、螺纹牙底线、辅助线等
2	～～～～	波浪线	断裂处边界线、视图与剖视图的分界线
3	—√√—	双折线	断裂处边界线、视图与剖视图的分界线

序号	线型	名称	一般应用
4	——————	粗实线	可见轮廓线、相贯线、螺纹牙顶线等
5	- - - - - -	细虚线	不可见轮廓线
6	▬ ▬ ▬ ▬	粗虚线	表面处理的表示线
7	—·—·—·—	细点画线	轴线、对称中心线、分度圆(线)、孔系分布的中心线、剖切线等
8	—·—·—	粗点画线	限定范围表示线
9	—··—··—··—	细双点画线	相邻辅助零件的轮廓线、可移动零件的轮廓线、成形前轮廓线等

三、比例（GB/T 14690—1993）

比例为图形与实物相应要素线性尺寸之比，常用比例见表 1.1.1.3。

表 1.1.1.3　比例系列

种类	比例	
	第一系列	第二系列
原值比例	1:1	
缩小比例	1:2　1:5　1:10　1:1×10^n 1:2×10^n　1:5×10^n	1:1.5　1:2.5　1:3　1:4　1:6 1:1.5×10^n　1:2.5×10^n 1:3×10^n　1:4×10^n　1:6×10^n
放大比例	2:1　5:1　1×10^n:1 2×10^n:1　5×10^n:1	2.5:1　4:1　2.5×10^n:1　4×10^n:1

注：n 为正整数。

绘图时尽量采用 1:1 的比例。图样中所标注的尺寸数值必须是实物的实际大小，与绘制图形时所采用的比例无关。同一张图纸上，各图比例相同时，在标题栏中标注即可，采用不同的比例时，应分别标注。不同比例效果见图 1.1.1.4。

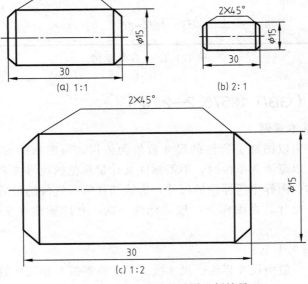

图 1.1.1.4　同一图形不同比例效果

四、字体（GB/T 14691—1993）

图样上的汉字应采用长仿宋体字，字的大小应按字号的规定，字体的号数代表字体的高度。字体高度尺寸 h 为 1.8mm、2.5mm、3.5mm、5mm、7mm、10mm、14mm、20mm。写汉字时字号不能小于 3.5mm，字宽一般为 $h/1.5$。图样中的西文字符可写成斜体或直体，斜体字的字头向右倾斜，与水平基线成 75°，字宽一般为 $h/2$。材料牌号、尺寸数字等西文字符要按 ISOGP 字体书写。字体示例见图 1.1.2.5。

字体的书写可按下述方法练习：

（1）用 H 或 HB 铅笔写字，将铅笔修理成圆锥形，笔尖不要太尖或太秃；

（2）按所写的字号用 H 或 2H 的铅笔打好底格，底格宜浅不宜深；

（3）字体的笔画宜直不宜曲，起笔和收笔不要追求刀刻效果，要大方简洁；

（4）字体的结构力求匀称、饱满，笔画分割的空白分布均匀。

字体		示　　　例
长仿宋体汉字	5号	学好机械制图，培养和发展空间想象能力
	3.5号	计算机绘图是工程技术人员必须具备的绘图技能
拉丁字母	大写	ABCDEFGHIJKLMNOPQRSTUVWXYZ　*ABCDEFGHIJKLMNOPQRSTUVWXYZ*
	小写	abcdefghijklmnopqrstuvwxyz　*abcdefghijklmnopqrstuvwxyz*
阿拉伯数字	直体	0123456789
	斜体	*0123456789*
综合应用示例		10^3　S^{-1}　D_1　T_d　$\phi20^{+0.010}_{-0.023}$　$7^{+1°}_{-2°}$　$\frac{3}{5}$　$\phi25\frac{H6}{m5}$　$\frac{II}{2:1}$　$\frac{A}{5:1}$　$10\ Js5\ (\pm0.003)$　M24-6h　R8　5%　220V　380kPa　460 r/min

图 1.1.1.5　字体示例

五、尺寸标注（GB/T 16675.2—2012）

1. 尺寸标注的基本规则

机件的真实大小应以图样上所注的尺寸数值为依据，与图形的大小及绘图的准确性无关；图样中的尺寸凡以毫米为单位时，不需标注其计量单位的代号或名称，否则需标注其计量单位的代号或名称；图样中所标注的尺寸，为该图样所示机件的最后完工尺寸，否则应另附说明；机件的每一尺寸，在图样上一般只标注一次，并应标注在反映该结构最清晰的图形上。

2. 尺寸要素（图 1.1.1.6）

一个完整的尺寸一般由尺寸界线、尺寸线、尺寸终端箭头和尺寸数字组成，称为尺寸四要素。

此外，为了使标注的尺寸清晰易读，标注尺寸时可按下列尺寸绘制：尺寸线到轮廓线、尺寸线和尺寸线之间的距离取 6～10mm，尺寸线超出尺寸界限 2～3mm，尺寸数字一般为 3.5 号字，箭头长 5mm，箭头尾部宽 1mm。

3. 尺寸数字的注写方法

线性尺寸数字通常写在尺寸线的上方或中断处，尺寸数字应按图 1.1.1.7 所示的方向注写，并尽可能避免在图示 30°范围内标注尺寸，当无法避免时应引出标注。对于非水平方向上的尺寸，其数字方向也可水平地注写在尺寸线的中断处。另外尺寸数字不允许被任何图线所通过，否则，需要将图线断开。

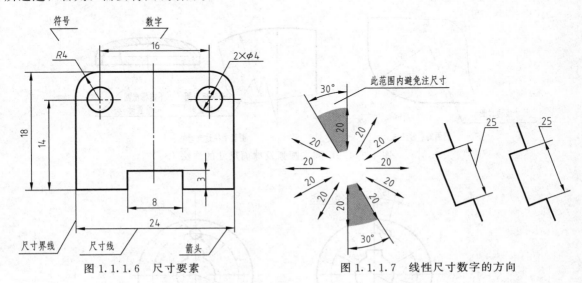

图 1.1.1.6 尺寸要素   图 1.1.1.7 线性尺寸数字的方向

角度的数字一律写成水平方向，一般注写在尺寸线的中断处，也可写在尺寸线的上方，或引出标注（图 1.1.1.8）。

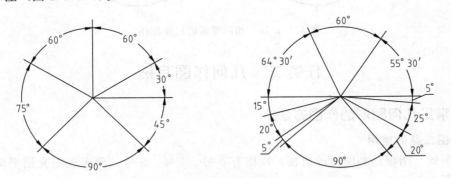

图 1.1.1.8 角度的数字注写方法

4. 尺寸标注中的符号

圆心角大于 180°时，要标注圆的直径，且尺寸数字前加"ϕ"；圆心角小于等于 180°时，要标注圆的半径，且尺寸数字前加"R"；标注球面直径或半径尺寸时，应在符号 ϕ 或 R 前再加符号"S"（图 1.1.1.9）。

在同一图形中，对于尺寸相同的孔、槽等成组要素，可仅在一个要素上标注其数量和尺寸，均匀分布在圆上的孔可在尺寸数字后加注"EQS"表示均匀分布（图 1.1.1.10）。

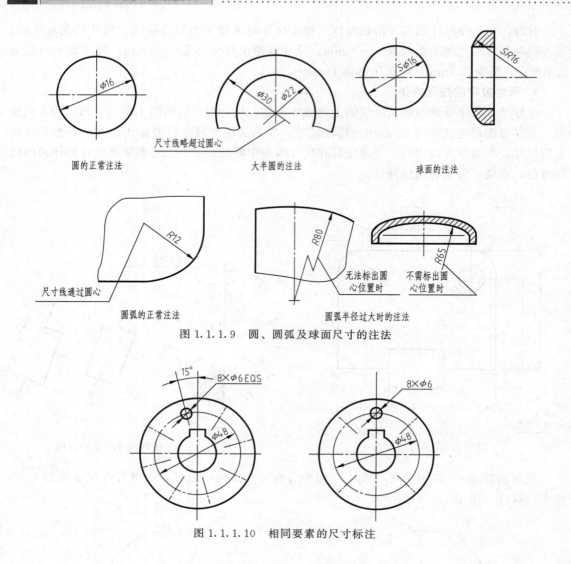

图 1.1.1.9　圆、圆弧及球面尺寸的注法

图 1.1.1.10　相同要素的尺寸标注

任务二　几何作图方法

一、常见几何图形的作图方法

1. 绘图工具的使用

（1）图板　图板是画图时的垫板，规格有 0 号、1 号、2 号，要求表面光洁平整，四边平直，如图 1.2.1.1（a）所示。

（2）丁字尺　丁字尺用于画水平线，它由尺头和尺身组成，绘图时尺头靠紧图板，如图 1.1.2.1（a）所示。

（3）三角板　三角板有两种，一块 45°的等腰直角三角形和一块 30°、60°的直角三角形组成，如图 1.1.2.1（b）所示。

（4）铅笔　绘图时应采用绘图铅笔，绘图铅笔有软硬两种，用字母 B 和 H 表示，B（或 H）前面的数字越大表示铅芯愈软（或愈硬）。

（5）分规、圆规　分规是用来量取和等分线段的工具，分规两脚针尖在并拢后应对齐。

圆规用来画圆及圆弧，如图 1.1.2.1（c）所示。

（6）曲线板 曲线板是用来画非圆曲线的，如图 1.1.2.1（d）所示。

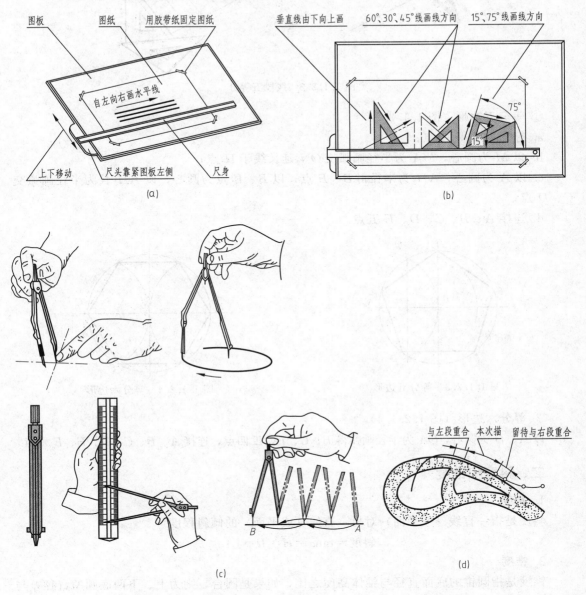

图 1.1.2.1 绘图工具的使用

2. 几何作图

（1）等分已知线段 如图 1.1.2.2 所示作线段 AB 五等分。

作法：① 过端点 A 任作一直线 AC，用分规以等距离在 AC 上量 1、2、3、4、5 各一等分；

② 连接 5B，过 1、2、3、4 等分点作 5B 的平行线与 AB 相交，得等分点 1′、2′、3′、4′即为所求。

（2）等分圆周和作正多边形

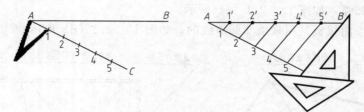

图 1.1.2.2　线段五等分

① 等分五边形（图 1.1.2.3）

a. 等分 ON 得 M 点；

b. 以 M 为圆心，MA 为半径画弧交 ON 延长线于 H 点；

c. 以 A 为圆心，AH 为半径得 B、E 点；以 B、E 点为圆心，以 AH 长为半径画弧交 C、D 点；

d. 连接 A、B、C、D、E 五点。

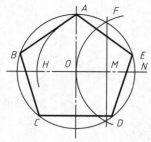

图 1.1.2.3　等分五边形

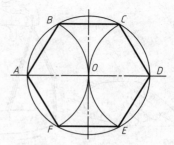

图 1.1.2.4　等分六边形

② 等分六边形（图 1.2.1.4）

以 A、D 为圆心，OA 为半径画弧得 B、C、F、E 四点，连接 A、B、C、D、E、F 六点。

二、斜度和锥度

1. 斜度

斜度是指一直线（或平面）对另一直线（或平面）的倾斜程度。

$$斜度 = \tan\alpha = H : L = 1 : n$$

2. 锥度

锥度是指圆锥的底面直径与锥体高度之比，如果是圆台，则为上、下两底圆的直径差与锥台高度之比值。

$$锥度 = D/L = (D-d)/L = 2\tan\alpha$$

斜度和锥度可按图 1.1.2.5 所示的方法标注。斜度和锥度符号的方向应与斜度和锥度的方向一致。

三、圆弧连接

用一圆弧光滑地连接相邻两线段（直线或圆弧）的作图方法，称为圆弧连接。

（1）圆与直线相切（图 1.1.2.6）

① 连接弧的圆心轨迹是已知直线的平行线，两平行线之间的距离等于连接弧的半径 R；

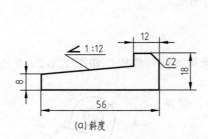
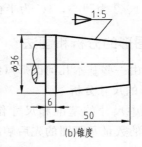

图 1.1.2.5 锥度和斜度的标注

② 由圆心向已知直线作垂线，垂足即为切点。

（2）圆与圆相切

① 圆与圆外切（图 1.1.2.7）。

a. 连接弧的圆心轨迹是已知圆弧的同心圆，同心圆的半径等于两圆弧半径之和 (R_1+R)；

b. 两圆心的连线与已知圆弧的交点即为切点。

② 圆与圆内切（图 1.1.2.8）。

a. 连接弧的圆心轨迹是已知圆弧的同心圆，同心圆的半径等于两圆弧半径之差 $|R_1-R|$。

b. 两圆心连线的延长线与已知圆弧的交点即为切点。

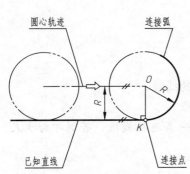
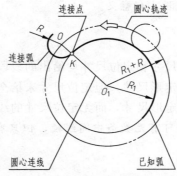
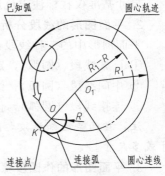

图 1.1.2.6 圆与直线相切　　　　图 1.1.2.7 圆与圆外切　　　　图 1.1.2.8 圆与圆内切

四、椭圆的近似画法（四心圆法）

（1）连接 AC，以 O 为圆心、OA 为半径画圆弧，交中心线于 E；

（2）以 C 为圆心、CE 为半径画圆弧，交 CA 于 F；

（3）作 AF 的垂直平分线，分别交长轴和短轴延长线于点 3 和 1；

（4）在长轴和短轴延长线上找出 3 和 1 的对称点 4 和 2；

（5）分别以 3、4 为圆心，$3A$ 为半径画圆弧；

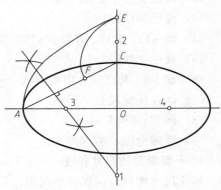

图 1.1.2.9 四心法

（6）分别以 1、2 为圆心，1C 为半径画圆弧。

五、平面图形的分析和画法

平面图形是由一些基本几何图形（线段和线框）构成，如图 1.1.2.10 所示。

1. 平面图形的尺寸分析

主要分析图中尺寸的基准和尺寸作用，以确定图中标注尺寸的数量及画图的先后顺序。

（1）尺寸基准

尺寸基准　标注尺寸的起点。

平面图形中有两个尺寸基准：水平基准和垂直基准。

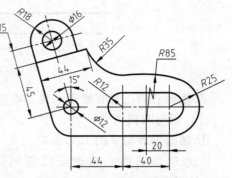

图 1.1.2.10　平面图形实例

尺寸基准的选择：①对称图形的对称线；②圆的中心线；③主要轮廓线的下方及左方。

当在某个方向上有多个尺寸基准时，应以一个为主要基准，其余的为辅助基准。

（2）尺寸的作用及分类　定形尺寸：确定平面图形中线段或线框形状大小的尺寸，如长度、宽度、直径、半径、角度等。一般情况定形尺寸应标在几何特征最明显的图形上。

定位尺寸：确定平面图形中线段或线框间相对位置的尺寸，如中心距等。

有些尺寸既是定位尺寸，又是定形尺寸。

尺寸基准仅在标注定位尺寸时才有意义。

2. 平面图形的线段分析

平面图形中的三种线段：

① 已知线段（圆弧），定形尺寸和定位尺寸均给出的线段。

② 中间线段（圆弧），给定定形尺寸，但定位尺寸未给全的线段。

③ 连接线段（圆弧），仅有定形尺寸，而无定位尺寸的线段。

注：在两条已知线段之间，可有无数条中间线段，但只有一条连接线段，否则即为少尺寸或多尺寸。

3. 平面图形的作图步骤

（1）画基准线、定位线；

（2）画出所有中心线（细点划线）；

（3）画已知线段；

（4）画 $\phi12$、$R12$、$R25$、$\phi16$、$R18$ 及可直接画出的直线段；

（5）画中间线段；

（6）画 $R85$ 及已知方向的直线；

（7）画连接线段；

（8）画 $R15$ 和 $R35$；

（9）整理全图、加深图线。

4. 平面图形的尺寸标注

标注尺寸要符合国家标准规定，尺寸不出现重复和遗漏，尺寸要安排有序，布局整齐，注号清楚。

项目二 绘制几何实体图形

任务一 机械零件表达方法

一、视图

(一)基本视图

当机件的外形复杂时,为了清晰地表示出它们的上、下、左、右、前、后的不同形状,根据实际需要,除了已学的三个视图外,还可再加三个视图,得到六个视图,这六个视图称为基本视图,基本视图的形成过程如图 1.2.1.1 所示,基本视图见图 1.2.1.2。

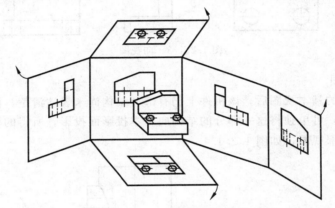

图 1.2.1.1 基本视图的形成

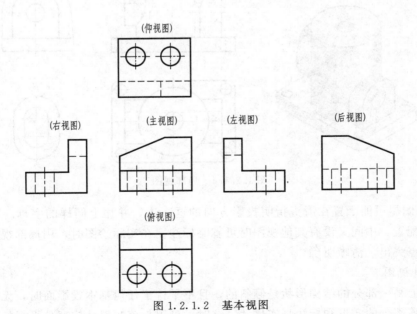

图 1.2.1.2 基本视图

(二)向视图

当基本视图不能按照基本配置位置放置时,允许另选位置放置,但此时该视图不再称为基本视图，而称为向视图，此时应在视图上方注出视图名称"×"，并在相应的视图附近用箭头指明投影方向，并注上同样的字母，如图1.2.1.3所示。

注：选择基本视图和向视图时，可根据机件的复杂程度确定数量，不一定非要六个，以表达清楚、视图最少为宜。

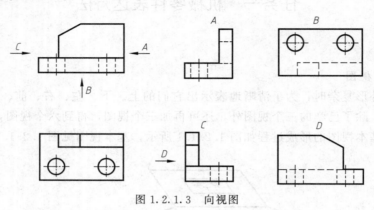

图 1.2.1.3　向视图

（三）局部视图

采用一定数量的基本视图后，该机件上仍有部分结构尚未表达清楚，而又没有必要画出完整的基本视图时，可单独将这一部分的结构向基本投影面投影，所得的视图是一不完整的基本视图，称为局部视图，如图1.2.1.4。

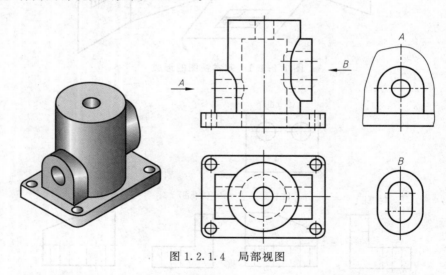

图 1.2.1.4　局部视图

局部视图尽可能配置在箭头指明投影方向的这一边，并注上同样的字母。当局部视图按投影关系配置，中间又没有其他视图时可省略标注。在实际绘图时，用局部视图表达机件可使图形重点突出，清晰明确。

（四）斜视图

当机件上某一部分的结构形状是倾斜的，且不平行于任何基本投影面时，无法在基本投影面上表达该部分的实形和标注真实尺寸。这时，可用与该倾斜结构部分平行且垂直于一个基本投影面的辅助投影面进行投影，然后，将此投影面按投影方向旋转到与其垂直的基本投影面。机件向不平行基本投影面的平面投影的视图，称为斜视图（图1.2.1.5）。

斜视图的配置和标注方法，以及断裂边界的画法与局部视图基本相同，不同点是：有时为了合理利用图纸或画图方便，可将图形旋转，如图1.2.1.6所示。

二、剖视图

（一）剖视图的基本概念

假想用剖切面剖开机件，将处在观察者和剖切面之间的部分移去，而将其余的部分向投影面投影所得的图形，称为剖视图（图1.2.1.7）。

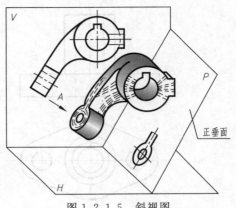

图 1.2.1.5　斜视图

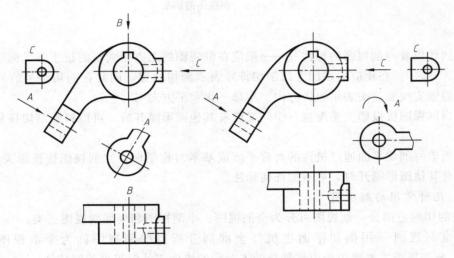

图 1.2.1.6　斜视图旋转

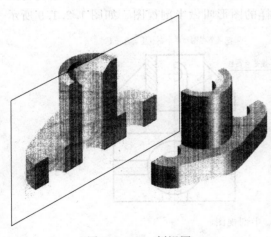

图 1.2.1.7　剖视图

为了明显地表达这些结构，假想用一个通过各孔轴线的正平面将机件剖开，移去剖切面前面部分，机件的内部结构清楚地表现出来。

因为剖切是假想的，虽然机件的某个视图画成剖视图，而机件仍是完整的。所以其他图形的表达方案应按完整的机件考虑。

剖视图的画法如图1.2.1.8所示。

（1）确定剖切方法及剖面位置——选择最合适的剖切位置，以便充分表达机件的内部结构形状，剖切面一般应通过机件上孔的轴线、槽的对称面等结构。

（2）画出剖视图——应把断面及剖切面后方的可见轮廓线用粗实线画出。

（3）画剖面符号——为了分清机件的实体部分和空心部分，在被剖切到的实体部分上应

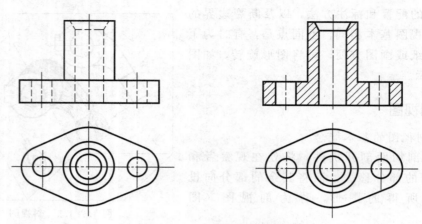

图 1.2.1.8　剖视图的画法

画剖面符号。

　　（4）剖切位置与剖视图的标注——一般应在剖视图的上方用大写的拉丁字母标注剖视图的名称"×—×"，在相应的视图上用剖切符号表示剖切位置，同时在剖切符号的外侧画出与它垂直的细实线和箭头表示投影方向。字母一律水平方向书写。

　　（5）当剖视图按投影关系配置，中间又没有其他图形隔开时，可以只画剖切符号，省略箭头。

　　（6）当单一剖切平面通过机件的对称平面或基本对称平面，且剖视图按投影关系配置，中间又没有其他图形隔开时，可不加任何标注。

　　（二）几种常用的剖视图

　　1. 按剖切的范围分，剖视图可分为全剖视图、半剖视图和局部剖视图三类。

　　（1）全剖视图　　用剖切平面把机件全部剖开所得的剖视图称为全剖视图，如图1.2.1.8。全剖视图主要适用于内部复杂的不对称的机件或外形简单的回转体。

　　（2）半剖视图　　当机件具有对称平面时，在垂直于对称平面的投影面上的投影，可以对称中心线为界，一半画剖视，一半画视图，这样的图形叫做半剖视图，如图1.2.1.9所示。

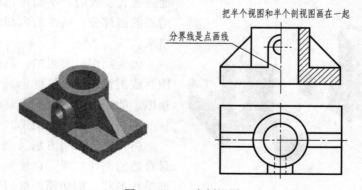

把半个视图和半个剖视图画在一起

分界线是点画线

图 1.2.1.9　半剖视图

　　（3）局部剖视图　　用剖切平面剖开机件的一部分，以显示这部分形状，并用波浪线表示剖切范围，这样的图形叫做局部剖视图，如图1.2.1.10所示。局部剖切后，为不引起误解，波浪线不要与图形中其他的图线重合，也不要画在其他图线的延长线上。

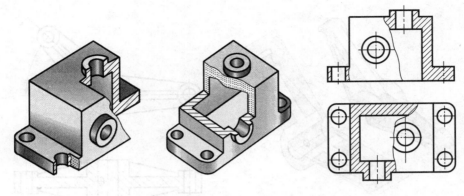

图 1.2.1.10　局部剖视图

2. 根据剖切平面和剖切方法的不同，剖视还可以分为斜剖、阶梯剖、旋转剖和复合剖等。

（1）斜剖　当机件上倾斜部分的内形，在基本图形上不能反映实形时，可以用与基本投影面倾斜的平面剖切，再投影到与剖切平面平行的投影面上，得到的图形叫做斜剖视图，如图 1.2.1.11 所示。

在画斜剖视图时，必须标注剖切位置，并用箭头指明投影方向，注明剖视名称。如图 1.2.1.11 所示。

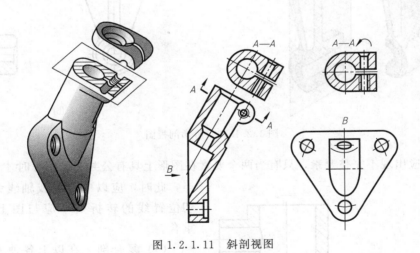

图 1.2.1.11　斜剖视图

（2）旋转剖　用两个相交的剖切平面剖开机件，并将被倾斜平面切着的结构要素及其有关部分旋转到与选定的投影面平行，再进行投影，得到的图形叫做旋转剖视图，如图 1.2.1.12 所示。

在画旋转剖视图时，必须标出剖切位置，在它的起讫和转折处，用相同字母标出，并指明投影方向。

（3）阶梯剖　有些机件的内形层次较多，用一个剖切平面不能全部表示出来，在这种情况下，可用一组互相平行的剖切平面依次地把它们切开，所得的图形为阶梯剖视图，如图 1.2.1.13 所示。阶梯剖的标注同旋转剖的标注相同。

画阶梯剖应注意几个问题：①在剖视图上，不要画出两个剖切平面转折处的投影；②剖

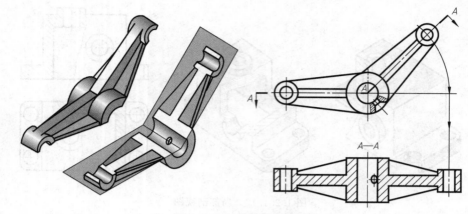

图 1.2.1.12　旋转剖视图

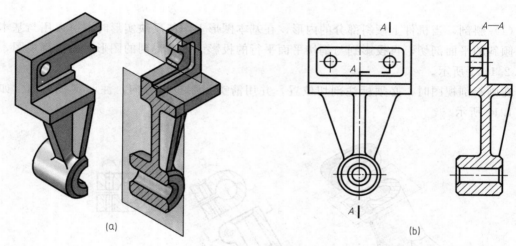

(a)　　　　　　　　　　　　　　　(b)

图 1.2.1.13　阶梯剖视图

视图上，不应出现不完整要素，只有当两个要素在图形上具有公共对称中心时才允许各画一半，此时，应以中心线或轴线为界；③剖切位置线的转折处不应与图上的轮廓线重合。

（4）复合剖　在以上各种方法都不能简单而又集中地表示出机件的内形时，可以把它们结合起来应用。这种剖视图就叫做复合剖视图，如图 1.2.1.14 所示。

（三）剖视图的尺寸标注

1. 内外尺寸应尽量分开标注。内部尺寸标在剖视图上，外部尺寸优先标在视图上，也可标在剖视图的外轮廓线上。

2. 在半剖和局部剖视图中标注尺寸，仍应按整体尺寸标注，尺寸线应超出对称

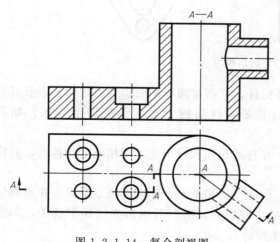

图 1.2.1.14　复合剖视图

线或波浪线，且只画单边箭头。

3. 圆孔的直径尺寸优先标在非圆剖视图上。应避免在圆投影上标注成放射状。

4. 其他同组合体的标注。

三、断面图

（一）断面图的概念

假想用一个剖切平面将机件的某处切断，仅画出该断面的形状，这个图形叫作断面图。

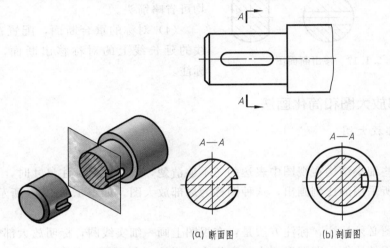

（a）断面图　　　　（b）剖面图

图 1.2.1.15　断面图与剖面图

断面图是面的投影，仅画出断面的形状，图 1.2.1.15（a）；

剖视图是体的投影，剖切面之后的结构应全部投影画出，图 1.2.1.15（b）。

（二）断面图的种类

根据断面图在绘制时所配置的位置不同，断面图可分为移出断面和重合断面两种。

1. 移出断面

断面图画在视图之外，称为移出断面，如图 1.2.1.15 所示。

2. 重合断面

在不影响图形清晰的条件下，断面图也可画在视图里面，称为重合断面，如图 1.2.1.16 所示。

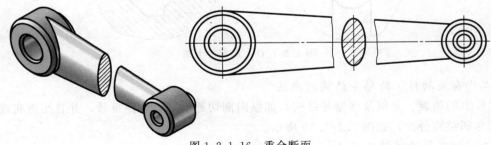

图 1.2.1.16　重合断面

（三）断面图的标注

（1）移出断面一般应用剖切符号表示剖切位置，用箭头表示投影方向，并注上字母，在

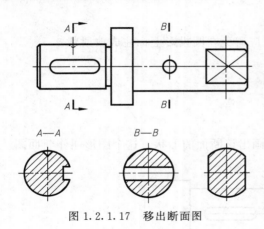

图 1.2.1.17 移出断面图

断面图的上方，用同样的字母标出相应的名称"×—×"，如图 1.2.1.17。

（2）配置在剖切符号延长线上的不对称移出断面，可省略字母。配置在剖切符号上的不对称重合断面，不必标注字母。

（3）不配置在剖切符号延长线上的对称移出断面，以及按投影关系配置的对称移出断面，均可省略箭头。

（4）对称的重合断面，配置在剖切平面迹线的延长线上的对称移出断面，可以完全不标注。

四、局部放大图和简化画法

（一）局部放大图

1. 概念

机件上某些细小结构在视图中表达的还不够清楚，或不便于标注尺寸时，可将这些部分用大于原图形所采用的比例画出，这种图称为局部放大图，如图 1.2.1.18 所示。

2. 标注

局部放大图必须标注，标注方法是：在视图上画一细实线圆，标明放大部位，在放大图的上方注明所用的比例，即图形大小与实物大小之比（与原图上的比例无关），如果放大图不止一个时，还要用罗马数字编号以示区别。

注：局部放大图可画成视图、剖视图、断面图，它与被放大部位的表达方法无关。局部放大图应尽量配置在被放大部位的附近。

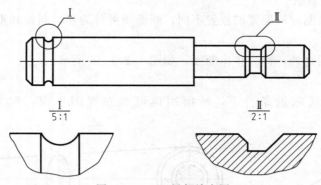

图 1.2.1.18 局部放大图

（二）有关肋板、轮辐等结构的画法

机件上的肋板、轮辐及薄壁等结构，如纵向剖切都不要画剖面符号，并且用粗实线将它们与其相邻结构分开，如图 1.2.1.19 所示。

（三）相同结构的简化画法

当机件上具有若干相同结构（齿、槽、孔等），并按一定规律分布时，只需画出几个完整结构，其余用细实线相连或标明中心位置，并注明总数，如图 1.2.1.20 所示。

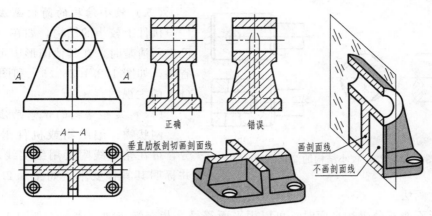

图 1.2.1.19　肋板的剖视画法

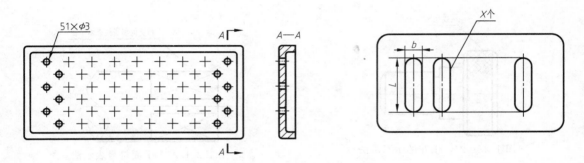

图 1.2.1.20　相同结构的简化画法

（四）较长机件的折断画法

较长的机件（轴、杆、型材等），沿长度方向的形状一致或按一定规律变化时，可断开缩短绘制，但必须按原来实长标注尺寸，如图 1.2.1.21 所示。

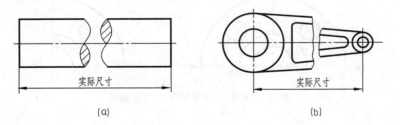

图 1.2.1.21　较长机件的折断画法

机件断裂边缘常用波浪线画出，圆柱断裂边缘常用花瓣形画出，如图 1.2.1.22 所示。

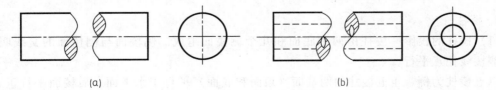

图 1.2.1.22　圆柱与圆筒的断裂处画法

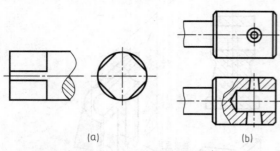

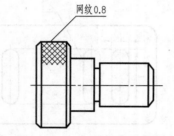

图 1.2.1.23　较小结构的简化画法

（五）较小结构的简化画法

机件上较小的结构，如在一个图形中已表示清楚时，在其他图形中可以简化或省略，如图 1.2.1.23（a）和图 1.2.1.23（b）的主视图。

（六）某些结构的示意画法

网状物、编织物或机件上的滚花部分，可在轮廓线附近用细实线示意画出，并标明其具体要求。如图 1.2.1.24 即为滚花的示意画法。

当图形不能充分表达平面时，可以用平面符号（相交细实线）表示，如图 1.2.1.25 所示。如已表达清楚，则可不画平面符号，如图 1.2.1.23（b）所示。

网纹0.8

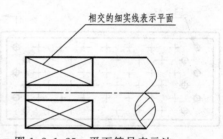

相交的细实线表示平面

图 1.2.1.24　滚花的示意画法

图 1.2.1.25　平面符号表示法

（七）对称机件的简化画法

在不致引起误解时，对于对称机件的视图可以只画一半或四分之一，并在对称中心线的两端画出两条与其垂直的平行细实线，如图 1.2.1.26 所示。

图 1.2.1.26　对称机件的简化画法

任务二　绘制简单物体的三视图

一、绘制平面立体的三视图

1. 棱柱

（1）棱柱的投影　棱柱由两个底面和几个侧棱面组成。侧棱面与侧棱面的交线叫侧棱线，侧棱线相互平行。

以五棱柱为例，正五棱柱的两端面（顶面和底面）平行于水平面，后棱面平行于正面，另外四个棱面垂直于水平面。因此，五棱柱的水平投影特征是：顶面和底面的水平投影重合，并反映实形——正五边形，五个棱面的水平投影积聚为五边形的五条边，如图 1.2.2.1 所示。

（2）五棱柱三视图的画法

① 画下（上）底面的水平投影、正面投影和侧面投影。

② 画棱线、上底面的正面投影和侧面投影。

③ 根据线面的可见性画图线，如图 1.2.2.2 所示。

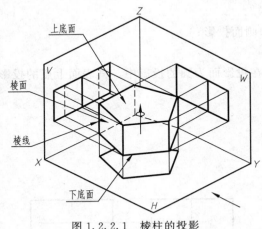

图 1.2.2.1 棱柱的投影

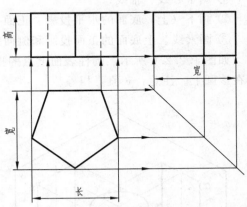

图 1.2.2.2 五棱柱的三视图

2.棱锥

（1）棱锥的投影 棱锥由一个底面和几个侧棱面组成。侧棱线交于有限远的一点——锥顶。以三棱锥为例，如图 1.2.2.3 所示。

（2）三棱锥三视图的画法

① 画下底面的水平投影、正面投影和侧面投影。

② 画棱线、顶点的三面投影。

③ 根据线面的可见性画图线，如图 1.2.2.4 所示。

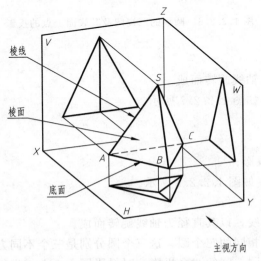

图 1.2.2.3 三棱锥的投影

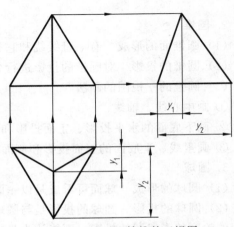

图 1.2.2.4 三棱锥的三视图

二、绘制回转体的三视图

1. 圆柱

（1）圆柱面的形成　有一母线绕与它平行的轴线旋转而成。

（2）圆柱体的投影　对圆柱体的各个投影进行分析，如图1.2.2.5所示。

（3）圆柱三视图及其表面上点的投影的画法

① 画中心线、轴线；

② 画下（上）底面的水平投影、正面投影和侧面投影；

③ 画素线、上底面的正面投影和侧面投影。

如图1.2.2.6所示，圆柱表面上点的投影，在投影面为圆的投影中，其表面上点的投影都在该圆上。注意：y值要相等。

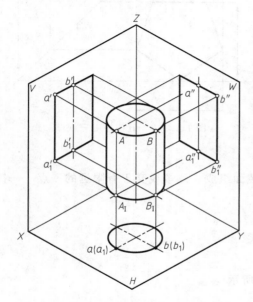

图1.2.2.5　圆柱的投影

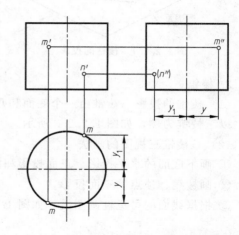

图1.2.2.6　圆柱的三视图及其表面上点的投影

2. 圆锥

（1）圆锥面的形成　有一母线绕和它相交的轴线旋转而成。

（2）圆锥的投影　对圆锥的投影进行分析，如图1.2.2.7所示。

（3）圆锥的三视图的画法

① 画中心线、轴线；

② 画下底面的水平投影、正面投影和侧面投影；

③ 画素线、上底面的正面投影和侧面投影，如图1.2.2.8所示。

3. 圆球

（1）圆球的形成　球面可看成是以一圆为母线，以其直径为轴线旋转而成。

（2）圆球的投影　圆球的投影是与圆球直径相同的三个圆，这三个圆分别是三个不同方向球的轮廓的素线圆的投影，不能认为是球面上同一圆的三个投影。对投影图1.2.2.9进行分析，圆球的三视图如图1.2.2.10所示。

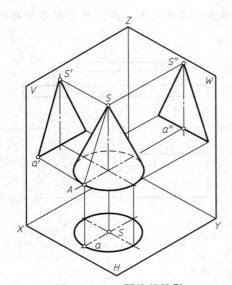

图 1.2.2.7　圆锥的投影

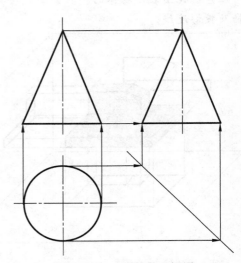

图 1.2.2.8　圆锥的三视图

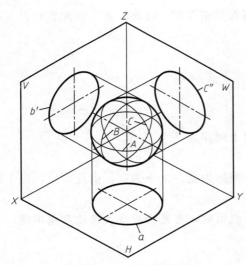

图 1.2.2.9　圆球的投影

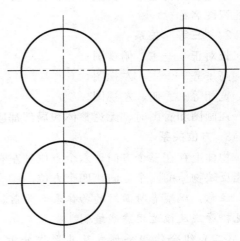

图 1.2.2.10　圆球的三视图

三、绘制组合体的三视图

（一）三视图的形成及投影规律

物体的三面投影称为三视图，主要由主视图、俯视图、左视图组成，如图 1.2.2.11 所示。

主视图：正面（V 面）投影——从前向后看；

俯视图：水平（H 面）投影——从上向下看；

左视图：侧面（W 面）投影——从左向右看。

为了方便画图和看图，我们通常在摆放物体时，将其主要表面、或对称面、或轴线置于投影面的特殊位置（平行或垂直），并将 OX、OY、OZ 轴的方向分别设为物体的长、宽、高方向。

注意：视图表示物体的形状大小，与其距离投影面的远近无关。画三视图时不必再画投影轴及投影连线。

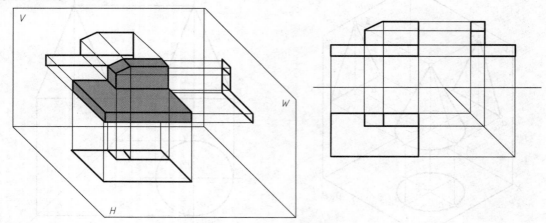

图 1.2.2.11　三视图的形成

1. 三视图的配置关系

以主视图为基准，俯视图在其正下方，左视图在其正右方。按此配置关系配置时，不必标注视图名称。

2. "三等"关系

长对正——主、俯视图；

高平齐——主、左视图；

宽相等——俯、左视图。

在画图和看图时，无论整体和局部都应遵守以上规律。

3. 方位关系

物体上存在三个方向，六个方位：左右为长，前后为宽，上下为高。由此可见，每个视图能反映物体的两个方向，四个方位。

注意：观察者所面对的物体表面为前。绘制三视图时，可见轮廓线及棱边用粗实线，不可见轮廓线及棱边用虚线绘制。

（二）组合体组合形式及其形体分析

组合体多由一些基本几何体和简单形体组成。

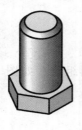
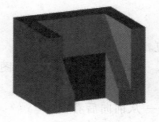

叠加型　　　　　　　　　　切割型　　　　　　　　　综合型

图 1.2.2.12　组合形式

1. 组合形式（图 1.2.2.12）

（1）叠加型（堆叠）：各构成部分相互叠加。

（2）切割型（挖切）：从较大的形体中挖出或切掉较小基本形体。

（3）综合型：既有堆叠，又有挖切。

2. 组合体表面间的关系

（1）表面平齐与不平齐（图1.2.2.13）

① 平齐。当相邻两基本体的某些表面平齐时，说明此时相邻表面共面，共面的表面在视图上没有分界线隔开。

② 不平齐。当相邻两基本体的表面不平齐时，说明此时相邻表面不共面，在视图上不同表面之间应有分界线隔开。

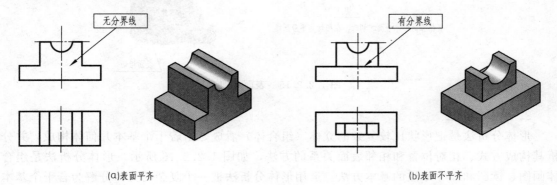

(a)表面平齐　　　　　　　　　　　　　　(b)表面不平齐

图1.2.2.13　表面平齐与不平齐

（2）相交　当组合体上相邻两基本体的表面相交时，投影图上一定要画出交线的投影。图1.2.2.14（a）立体上平面插入到圆柱柱中，交线为直线；图1.2.2.14（b）两圆柱体垂直相交，交线为空间曲线。

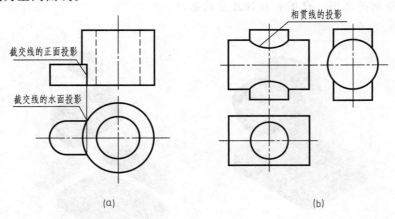

(a)　　　　　　　　　　　　　　(b)

图1.2.2.14　表面相交

（3）表面相切（图1.2.2.15）　相切处光滑过渡，无分界线。

平面与曲面相切：平面上的棱线画到切点处。

曲面与曲面相切：①相切处无轮廓线时，不画线；②无公切平面或公切圆柱面时，不画线；③有公切平面或公切圆柱面时，要画线。

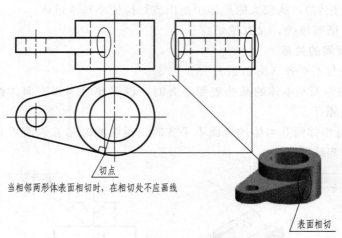

切点

当相邻两形体表面相切时，在相切处不应画线

表面相切

图 1.2.2.15　表面相切

3. 形体分析法

形体分析法是把形状比较复杂的立体（组合体）看成是由若干个基本几何体构成，并分析其构成方式、相对位置和相邻表面关系的方法，如图 1.2.2.16 所示。形体分析法是组合体画图、读图和尺寸标注的基本方法。运用形体分析法把一个复杂的立体分解为若干个基本几何体是一种化繁为简、化难为易的分析手段。对于一些常见的简单的组合体，如空心圆柱、弯板等，一般可看成为一个立体，不必再作更细的分析。

形体分析的内容及顺序：①分析形体组成部分的形状；②分析各组成部分的组成形式；③分析各部分的相对位置关系；④分析形体是否在某一方向上对称。

注意：（1）分开分析，组合绘制（假想拆开的过程）。

（2）形体分析是画图、读图和标注尺寸的基础。

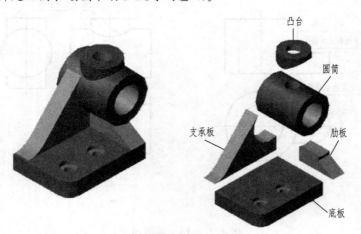

凸台

圆筒

支承板

肋板

底板

图 1.2.2.16　形体分析法

（三）画组合体视图的方法和步骤

1. 形体分析

在画三视图前，应对组合体进行形体分析，大致了解组合体的形体特点。分析该组合体是由哪些基本体组成，各基本体的相对位置、组合形式及其表面连接关系，为画图作准备。

2. 确定主视图

自然放置，以最能反映形状特征的方向为主视方向，同时考虑：①尽量减少虚线；②尽量使图面合理美观；③将主要表面或主要对称面或轴线置于特殊位置。

3. 画组合体视图的方法

（1）叠加法（适合堆叠型） 根据形体特点，一般采用从下向上逐个部分绘制。每一部分的三面投影都要求符合投影规律，如图1.2.2.17。

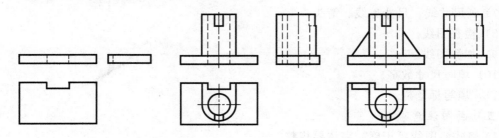

图1.2.2.17 叠加法

注意：相邻部分的表面关系。

（2）切割法（适合挖切型） 先画整体，再逐个切割，如图1.2.2.18。

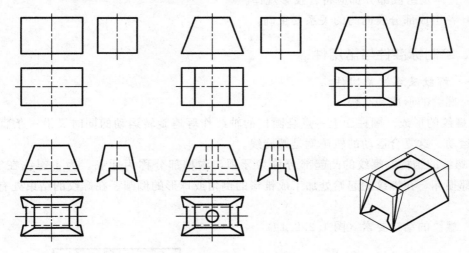

图1.2.2.18 切割法

（3）投影法（适合综合型） 先叠加，后切割；先下、再上、后中间。

先画轴线、对称线；再画出完整的主要视图；然后按投影关系画其他视图。应注意相邻两部分的表面关系处理。

注意：主要视图指最能体现形体形状特征的视图，不一定是主视图。

（四）画组合体视图的步骤

（1）形体分析。

（2）确定主视图。

（3）选比例、定图幅。

（4）画图框线、标题栏。

（5）布置图面，画出各视图的主要轴线、对称线及基准线，考虑图形的最大轮廓及尺寸标注所需位置。

（6）画底稿线：

① 按形体分析的结果画各组成部分的三视图（选择合适的方法，并注意投影关系）；

② 正确绘制各组成部分相接处的分界线、截交线及相贯线，并整理轮廓线（各部分仅是假想的分开，相连处融合在一起，不应有线）。

（7）画尺寸线、尺寸界线、箭头。

（8）检查图线。

（9）加深图线。

（10）填写尺寸数字。

（11）填写标题栏。

（五）画图注意事项

（1）格式、图线要正确，字体要规整。

（2）图面布置要合理。

（3）主视图选择要合理。

（4）选择合适而又方便的绘图方法和步骤。

（5）整体及组成部分都应符合投影规律。

（6）各组成部分表面间的关系要正确。

四、绘制标准件与常用件

（一）螺纹及螺纹紧固件

（1）螺纹的形成和结构

① 螺纹的形成。圆柱面上一点绕圆柱的轴线作等速旋转运动的同时又沿一条直线作等速直线运动，这复合运动的轨迹就是螺旋线。

② 螺纹的结构。螺纹的凸起部分称为牙顶，沟槽部分称为牙底。为了螺纹在安装时，防止端部损坏，在螺纹的起始处加工成锥形的倒角或球形的倒圆。在螺纹的结束处有收尾或退刀槽。

（2）螺纹的结构要素（图 1.2.2.19）

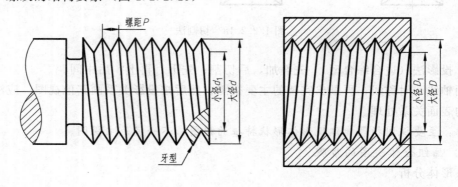

(a) 外螺纹　　　　　　　　(b) 内螺纹

图 1.2.2.19　螺纹的结构要素

① 牙型：有三角形、梯形、锯齿形和方形等。

② 公称直径：代表螺纹规格尺寸的直径，一般是指螺纹的大径，用 d（外螺纹）或 D（内螺纹）表示。

③ 线数：螺纹有单线和多线之分，沿一条螺旋线形成的螺纹，称为单线螺纹；沿两条或两条以上螺旋线所形成的螺纹称为多线螺纹，用 n 表示。

④ 螺距和导程：螺纹相邻两牙在中径线上对应两点间的轴向距离，称为螺距，用 p 表示。同一条螺旋线上的相邻两牙在中径线上对应两点间的轴向距离，称为导程，用 s 表示。对于单线螺纹，导程与螺距相等，即 $s＝p$。多线螺纹 $s＝n×p$。

⑤ 旋向：螺纹的旋向有左旋和右旋之分。顺时针旋转时旋入的螺纹是右旋螺纹；逆时针旋转时旋入的螺纹是左旋螺纹。

内、外螺纹连接时，以上要素须相同，才可旋合在一起。

牙型、直径和螺距是决定螺纹最基本的三要素。三要素符合国家标准的称为标准螺纹；牙型符合标准，而直径或螺距不符合标准的，称为特殊螺纹，牙型不符合标准的，如方牙螺纹，称为非标准螺纹。

（3）螺纹的种类　连接螺纹：三角形牙型的普通螺纹。

传动螺纹：梯形螺纹、锯齿形螺纹和方形螺纹。

（4）螺纹的规定画法

① 外螺纹的画法。大径粗实线，小径细实线，在投影为圆的视图中表示大径的圆用粗实线画，表示小径的圆用细实线画 3/4 圈，倒角的圆可省略不画，如图 1.2.2.20。

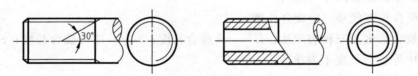

图 1.2.2.20　外螺纹的画法

② 内螺纹的画法。内螺纹一般都用剖视图，画法如图 1.2.2.21。

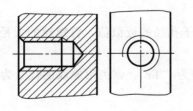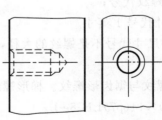

图 1.2.2.21　内螺纹的画法

③ 非标准螺纹的画法。对于标准螺纹只需注明代号，不必画出牙型，而非标准螺纹，如方牙螺纹，则需要在零件图上作局部剖视表示牙型，或在图形附近画出螺纹的局部放大图。如图 1.2.2.22 所示。

④ 内、外螺纹连接画法。如图 1.2.2.23 所示。

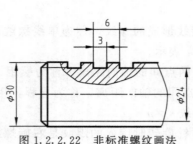

图 1.2.2.22　非标准螺纹画法

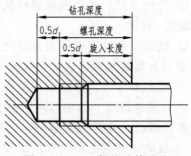

图 1.2.2.23　螺纹连接画法

（5）螺纹的代号及标注

① 普通螺纹。普通螺纹的牙型代号为 "M"，其直径、螺距可查表得知。

普通螺纹的标注格式：例　M10×1LH-5g6g-S。

各符号含义如下：

M——螺纹代号（普通螺纹）；

10——公称直径 10mm；

1——螺距 1mm（细牙螺蚊标螺距，粗牙螺纹不标）；

LH——旋向左旋（右旋不标注）；

5g——中径公差带代号（5g）；

6g——顶径公差带代号（6g）；

S——旋合长度代号（短旋合长度）。

螺纹的旋合长度有三种表示法：L——长旋合长度；N——中等旋合长度；S——短旋合长度。一般中等旋合长度不表注。

内外螺纹旋合在一起时，标注中的公差带代号用斜线分开，例 M10×6H/6g。

当中径和顶径的公差带代号相同时，只标注一个。

② 管螺纹。管螺纹只注牙型符号、尺寸代号和旋向。标注格式为：G1（右旋不标注）。

各符号含义如下：

G——管螺纹代号；

1——尺寸代号 1 英寸。

管螺纹的尺寸代号不是螺纹的大径，而是管子孔径的近似值，管螺纹的大径、小径和螺距核查表。

③ 梯形螺纹与锯齿形螺纹。梯形螺纹的代号为 "Tr"，锯齿形螺纹的代号为 "S"。标注格式为：Tr40×14(p7)LH-8e-L。

各符号含义如下：

Tr40——梯形螺纹，公称直径 40mm；

14（p7）——导程 14mm 螺距 7mm；

LH——左旋；

8e——中径公差带代号；

L——长旋合长度。

如果是单线，只标注螺距，右旋不标注，中等旋合长度不标注。

（6）螺纹连接件的种类和标记

① 螺栓。

例如：螺纹规格 d＝M10、公称长度 l＝50mm（不包括头部）的六角头螺栓标记为：

螺栓 GB/T 5782—2000　M10×50

② 螺母。

例如：螺纹规格 D＝M16 的六角螺母标记为：

螺母 GB/T 6170—2000　M16

③ 垫圈。

例如：公称尺寸 d＝16mm、性能等级为 140HV、不经表面处理的平垫圈标记为：

垫圈 GB/T 97.2—2002　16-140HV

④ 开槽圆柱头螺钉。

例如：螺纹规格 d＝M10、公称长度 l＝40mm（不包括头部）的开槽圆柱头螺钉标记为：

开槽圆柱头螺钉 GB/T 65—2000　M10×40

（7）螺纹紧固件连接的画法　螺纹紧固件连接可以直接查阅国家标准，按有关标准数据画出；也可以按比例近似画图，即为了提高画图速度，螺纹紧固件各部分的尺寸（除公称长度外）都可用 d（或 D）的一定比例画出，如图 1.2.2.24 所示。

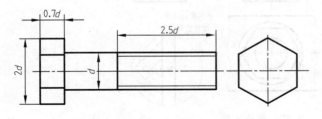

(a) 螺栓的比例画法

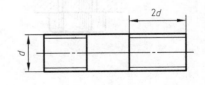

(b) 双头螺柱的比例画法

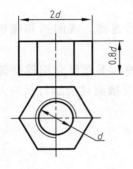

(c) 六角螺纹的比例画法

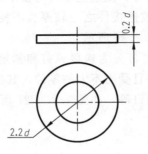

(d) 平垫圈的比例画法

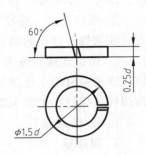

(e) 弹簧垫圈的比例画法

图 1.2.2.24

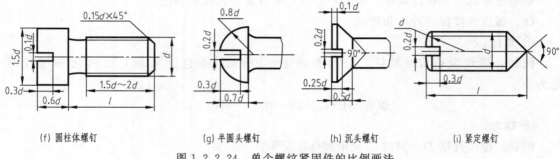

(f) 圆柱体螺钉　　　(g) 半圆头螺钉　　　(h) 沉头螺钉　　　(i) 紧定螺钉

图 1.2.2.24　单个螺纹紧固件的比例画法

根据使用要求的不同，螺纹紧固件连接通常有螺栓连接、螺柱连接和螺钉连接三种形式。

① 螺栓连接。螺栓连接用于两个或两个以上不太厚的零件，如图 1.2.2.25 所示。

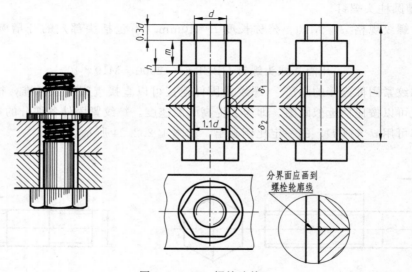

图 1.2.2.25　螺栓连接

画法规定：a. 两零件接触面只画一条轮廓线；不接触面画两条线。b. 剖视图中相邻零件剖面线方向相反或方向一致而间隔不同；c. 当剖切平面通过标准件（如螺栓、螺钉、螺柱、螺母、垫圈等）和实心件的轴线时，则这些零件均按不剖切绘制。

② 螺柱连接。螺柱连接多用于被连接件之一较厚、不便使用螺栓连接，或因拆卸频繁不宜使用螺钉连接的场合，如图 1.2.2.26 所示。

③ 螺钉连接。按用途来分，螺钉可分为连接螺钉和紧定螺钉两种。下面仅介绍连接螺钉。连接螺钉用于连接不经常拆卸并且受力不大的零件，其按形式有开槽圆柱头螺钉、内六角圆柱头螺钉、半圆头螺钉、沉头螺钉等，如图 1.2.2.27 所示。

（二）键连接

1. 键连接

键连接就是用键将轮子与轴连接在一起转动，起传递扭矩的作用。

（1）键的形式及标记

常用的键有普通平键 ［图 1.2.2.28（a）、(b)、(c)］、半圆键 ［图 1.2.2.28（d)］ 和钩

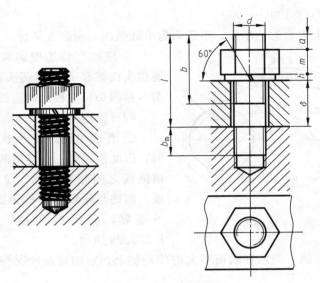

图 1.2.2.26　螺柱连接

头楔键 [图 1.2.2.28 (e)]。

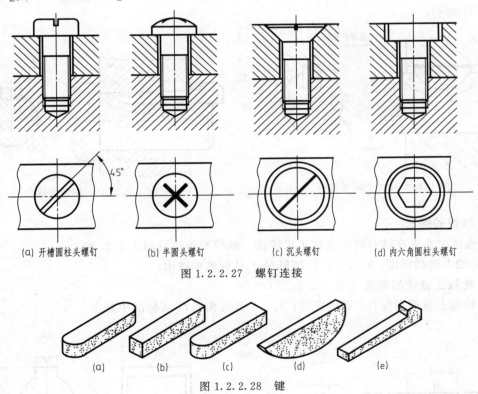

(a) 开槽圆柱头螺钉　　　(b) 半圆头螺钉　　　(c) 沉头螺钉　　　(d) 内六角圆柱头螺钉

图 1.2.2.27　螺钉连接

(a)　　　(b)　　　(c)　　　(d)　　　(e)

图 1.2.2.28　键

键是标准件，画图时可根据有关标准查得相应的尺寸及结构。

① 普通平键的形式有 A、B、C 三种，标记时 A 型平键省略 "A"，而 B 型和 C 型应写出 "B" 或 "C" 字。

例如：$b=18$mm，$h=11$mm，$L=100$mm 的圆头普通平键，标记为：

键 18×100　GB/T 1096—2003

② 半圆键。其上表面为一平面，下表面为半圆弧面，两侧面平行。

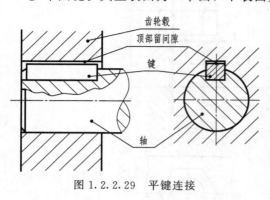

图 1.2.2.29　平键连接

③ 楔键有普通楔键和钩头楔键两种。普通钩头楔键有 A 型（圆头）、B 型（方头）、C 型（单圆头）三种。钩头楔键只有一种。

（2）键连接画法

① 普通平键。普通平键的两侧面为工作面，因此连接时，平键的两侧面与轴和轮毂键槽侧面之间相互接触，没有间隙，只画一条线。而键与轮毂的键槽顶面之间是非工作面，不接触，应留有间隙，画两条线，如图 1.2.2.29 所示。

② 半圆键。半圆键一般用在载荷不大的传动轴上，它的连接情况与普通平键相似，如图 1.2.2.30 所示。

③ 楔键。楔键顶面是 1∶100 的斜度装配，是沿轴向将键打入键槽内，直至打紧为止，因此，它的上、下面为工作面，两侧面为非工作面，但画图时侧面不留间隙，如图 1.2.2.31 所示。

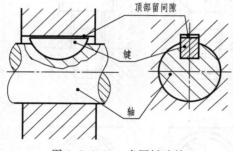

图 1.2.2.30　半圆键连接

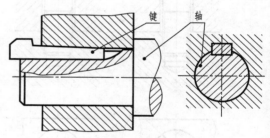

图 1.2.2.31　楔键连接

2. 轴槽的画法

键连接时要先在轴和轮毂上加工出键槽。轴槽的画法见图 1.2.2.32。

t 为轴上键槽深度；b、t、L 可按轴径 d 从标准中查出。

3. 轮毂上键槽的画法（图 1.2.2.33）

t_1 轮毂上键槽深度；b 键槽宽度；t_1、b 可按孔径 D 从标准中查出。

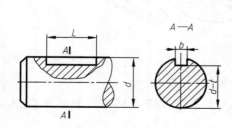

图 1.2.2.32　轴槽的画法

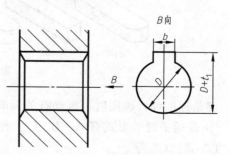

图 1.2.2.33　轮毂上键槽的画法

4. 销连接

销常用来连接和固定零件，或在装配时起定位作用。

（1）销的种类 常用的销有圆柱销、圆锥销和开口销，见图 1.2.2.34。前两种主要用于连接和定位，而开口销主要用于防松。

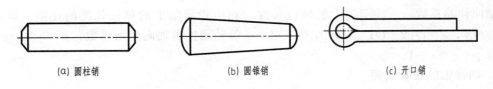

(a) 圆柱销　　　　　　　　　(b) 圆锥销　　　　　　　　　(c) 开口销

图 1.2.2.34　销

销的标记：销 GB/T 119.1—3×10

表示公称直径 $d=8$，长度 $L=30$，材料为 35 钢，不经淬火，不经表面处理的圆柱销。

（2）销连接画法 销连接画法如图 1.2.2.35 所示。

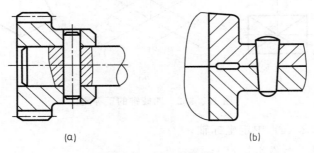

(a)　　　　　　　　　(b)

图 1.2.2.35　销连接

任务三　绘制零件的轴测图

一、绘制平面立体的轴测图

1. 轴测投影

（1）定义 轴测投影——将物体连同其参考直角坐标系，沿不平行于任一坐标面的方向，用平行投影法将其投影在单一投影面上所得的具有立体感的图形，如图 1.2.3.1 所示。

（2）特点

① 直观性强，建立空间概念，提高读图能力和空间理解能力。

② 不能准确表达物体真实形状。

③ 作图费时。

2. 轴测轴

轴测轴——空间直角坐标系中的三根坐标轴 OX、

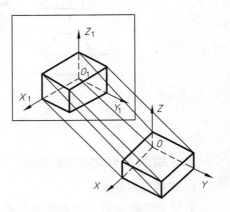

图 1.2.3.1　轴测投影

OY、OZ 在轴测投影面上的投影 OX_1、OY_1、OZ_1，如图 1.2.3.1 所示。

3. 轴间角

轴间角——轴测投影图中，两根轴测轴之间的夹角，$\angle X_1O_1Y_1$、$\angle X_1O_1Z_1$、$\angle Z_1O_1Y_1$。如图 1.2.3.1 所示。正等轴测投影 $\angle X_1O_1Y_1 = \angle X_1O_1Z_1 = \angle Z_1O_1Y_1 = 120°$。

4. 轴向伸缩系数

轴向伸缩系数——轴测轴上的单位长度与相应投影轴上的单位长度的比值。即：$p = O_1X_1/OX$，$q = O_1Y_1/OY$，$r = O_1Z_1/OZ$。正等轴测投影轴向伸缩系数：$p = q = r = 0.82$，一般取 $p = q = r = 1$。

5. 四棱锥的正等测图

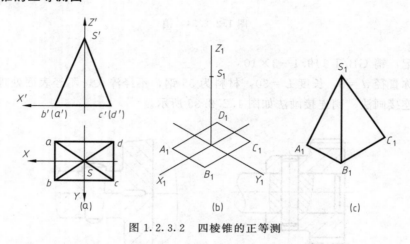

图 1.2.3.2　四棱锥的正等测

（1）在图 1.2.3.2（a）中定坐标轴；

（2）画轴测轴如图 1.2.3.2（b）；

（3）作 5 个顶点的正等测图，如图 1.2.3.2（b）；

（4）连各顶点，描深，如图 1.2.3.2（c）。

6. 正六棱柱的正等测 （图 1.2.3.3）

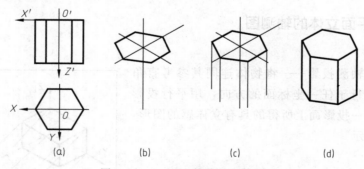

图 1.2.3.3　正六棱柱的正等测

二、绘制回转体的轴测图

1. 圆的正等测图

平行于坐标面的圆的正等测图都是椭圆，如图 1.2.3.4 所示。

（1）平行 XOY 面的圆　正等测——椭圆，长轴⊥O_1Z_1，短轴∥O_1Z_1

（2）平行 XOZ 面的圆　正等测——椭圆，长轴 $\perp$ O_1Y_1，短轴 $/\!/ O_1Y_1$

（3）平行 YOZ 面的圆　正等测——椭圆，长轴 $\perp$ O_1X_1，短轴 $/\!/ O_1X_1$

2. 圆柱体的正等测图的画法（图 1.2.3.5）

① 在三视图上定坐标；

② 绘制两组轴测轴；

③ 画上、下底面的正等测图；

④ 完成立体图。

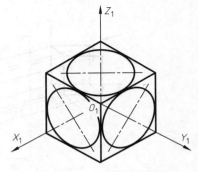

图 1.2.3.4　圆的正等测

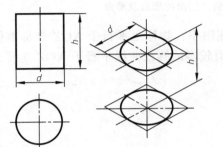
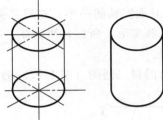

图 1.2.3.5　圆柱体的正等测

3. 圆角的正等测图的画法（图 1.2.3.6）

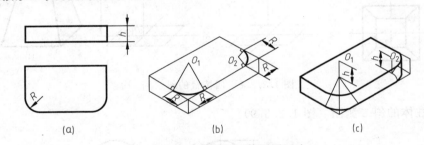

（a）　　　　　　　　　　（b）　　　　　　　　　（c）

图 1.2.3.6　圆角的正等测图画法

三、绘制端盖的斜二测图

1. 斜二测图的形成

如图 1.2.3.7 所示，如果使物体的 XOZ 坐标面对轴测投影面处于平行的位置，采用平行斜投影法也能得到具有立体感的轴测图，这样所得到的轴测投影就是斜二等测轴测图，简称斜二测图。

2. 斜二测图的参数

图 1.2.3.7（b）表示斜二测图的轴测轴、轴间角和轴向伸缩系数等参数及画法。从图中可以看出，在斜二测图中，$O_1X_1 \perp O_1Z_1$，O_1Y_1 与 O_1X_1、O_1Z_1 的夹角均为 $135°$，三个轴向伸缩系数分别为 $p_1 = r_1 = 1$，$q_1 = 0.5$。

3. 斜二测图的画法

斜二测图的画法与正等测图的画法基本相似，区别在于轴间角不同以及斜二测图沿

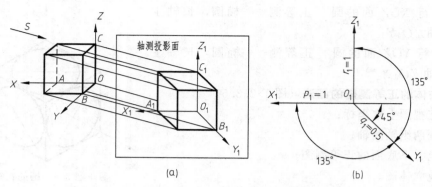

图 1.2.3.7　斜二测图的形成及参数

O_1Y_1 轴的尺寸只取实长的一半。在斜二测图中，物体上平行于 XOZ 坐标面的直线和平面图形均反映实长和实形，所以，当物体上有较多的圆或曲线平行于 XOZ 坐标面时，采用斜二测图比较方便。

（1）四棱台的斜二测图（图 1.2.3.8）

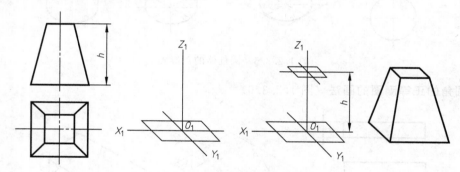

图 1.2.3.8　四棱台的斜二测

（2）圆柱体的斜二测图（图 1.2.3.9）

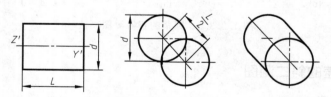

图 1.2.3.9　圆柱体的斜二测

4. 正等轴测图和斜二测图的优缺点

（1）在斜二测图中，由于平行于 XOZ 坐标面的平面的轴测投影反映实形，因此，当立体的正面形状复杂，具有较多的圆或圆弧，而在其他平面上图形较简单时，采用斜二测图比较方便。

（2）正等轴测图最为常用。优点：直观、形象，立体感强。缺点：椭圆作图复杂。

端盖的形状特点是在一个方向的相互平行的平面上有圆。如果画成正等测图，则由于椭圆数量过多而显得繁琐，可以考虑画成斜二测图，作图时选择各圆的平面平行于坐标面 XOZ，即端盖的轴线与 Y 轴重合，具体作图方法和步骤如图 1.2.3.10 所示。

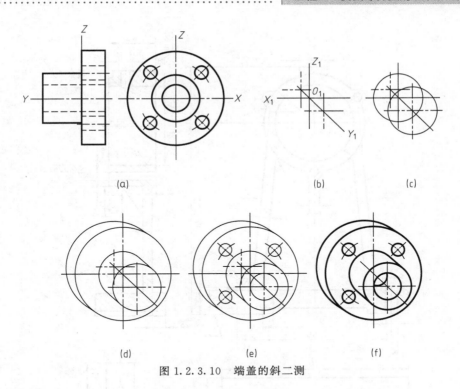

(a)　　　　　　　　　(b)　　　　　(c)

(d)　　　　　　　　(e)　　　　　　　　(f)

图 1.2.3.10　端盖的斜二测

任务四　绘制和识读表达机械零件的视图

一、零件图的内容

以轴承座（图 1.2.4.1）为例，说明零件图（图 1.2.4.2）的内容。

1. 一组视图

唯一表达零件各部分的结构及形状。

2. 全部尺寸

确定零件各部分的形状大小及相对位置的定形尺寸和定位尺寸。

3. 技术要求

说明在制造和检验零件时应达到的一些工艺要求。

4. 图框和标题栏

注写零件的名称、材料、数量、比例等。

二、零件图的技术要求

零件图上的技术要求包括：表面结构要求、极限与配合、形位公差、材料的热处理和表面处理、零件材料、零件加工、检验的要求等。下面简单介绍表面结构要求、极限与配合、形位公差等在零件图上的注写。

（一）表面结构要求（GB/T 131—2006）

表面结构要求是表面粗糙度、表面波纹度、表面缺陷、

图 1.2.4.1　轴承座

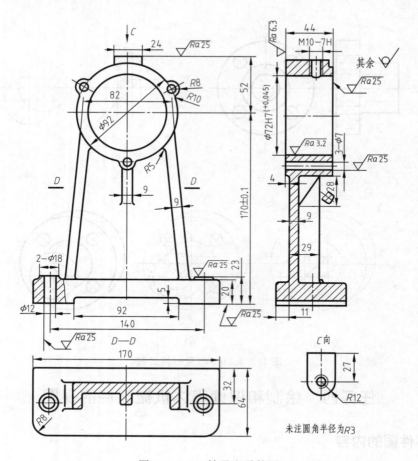

图 1.2.4.2　轴承座零件图

表面纹理和表面几何形状的总称。

1. 表面粗糙度的概念（GB/T 3505—2009）

表面粗糙度图 1.2.4.3 是指零件的加工表面上具有凸凹不平的较小峰谷所形成的微观几何形状误差。表面粗糙度与加工方法、刀刃形状和走刀量等有关。

表面粗糙度的参数及数值如下：轮廓算术平均偏差——Ra；轮廓最大高度——Ry；微观不平度 10 点高度——Rz。优先选用轮廓算术平均偏差 Ra（图 1.2.4.4）。Ra 是在取样长度 L 内，轮廓偏距 Y 的绝对值的算术平均值。$Ra = \dfrac{1}{L}\sum\limits_{i=1}^{n}|y_i|$。

图 1.2.4.3　表面粗糙度

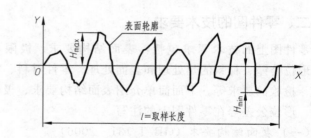

图 1.2.4.4　轮廓算术平均偏差

2. 表面粗糙度的标注

表面粗糙度符号及意义见表 1.2.4.1，符号的绘制见图 1.2.4.5。

表 1.2.4.1 表面粗糙度符号及意义

符　号	意义及说明
✓	基本符号，表示表面可用任何方法获得
✓	表示表面是用去除材料的方法获得
✓	表示表面是用不去除材料的方法获得

3. 表面粗糙度的标注方法 （图 1.2.4.6）

（1）符号的尖端必须从材料外指向并接触表面。

（2）表面粗糙度参数值的大小方向与尺寸数字的大小方向一致。

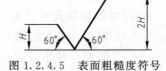

图 1.2.4.5 表面粗糙度符号

（3）表面结构要求对每一表面一般只注一次，并尽可能注在相应的尺寸及其公差的同一视图上。

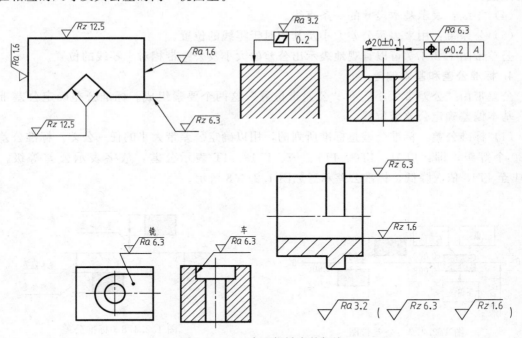

图 1.2.4.6 表面粗糙度的标注

（4）多数表面有相同表面结构要求时，则可统一标注在图样的标题栏附近，在表面结构要求符号后面，在圆括号内给出不同的表面结构要求。

（5）表面结构要求可以用箭头或黑点的指引线引出标注。

（二）极限与配合

1. 零件的互换性

同一批零件，不经挑选和辅助加工，任取一个就可顺利地装到机器上去，并满足机器的性能要求，零件的这种性能称为互换性。零件具有互换性，不仅能组织大批量生产，而且可提高产品的质量、降低成本和便于维修。

保证零件具有互换性的措施：

由设计者确定合理的配合要求和尺寸公差大小。

在满足设计要求的条件下，允许零件实际尺寸有一个变动量，这个允许尺寸的变动量称为公差。

2. 基本尺寸、实际尺寸、极限尺寸

（1）基本尺寸：设计时根据计算或经验所决定的尺寸。

（2）实际尺寸：对制成的零件实际测量后所得尺寸。

（3）最大极限尺寸：允许制造时达到的最大尺寸。

（4）最小极限尺寸：允许制造时达到的最小尺寸。

3. 尺寸偏差和尺寸公差

（1）上偏差：最大极限尺寸与基本尺寸的代数差。

（2）下偏差：最小极限尺寸与基本尺寸的代数差。

（3）公差＝最大极限尺寸－最小极限尺寸＝｜上偏差－下偏差｜。公差不可能为零；且均为正值。

（4）零线：表示基本尺寸的一条直线。

（5）公差带：用来表示公差大小及其相对于零线的位置。

公差带图 1.2.4.7 可以直观地表示出公差的大小及公差带相对于零线的位置。

4. 标准公差和基本偏差

公差带由"公差带大小"和"公差带位置"这两个要素组成。标准公差确定公差带大小，基本偏差确定公差带位置。

（1）标准公差　标准公差是标准所列的，用以确定公差带大小的任一公差。标准公差分为 20 个等级，即：IT01、IT0、IT1、…、IT18。IT 表示公差，数字表示公差等级，从 IT01 至 IT18 依次降低，标准公差示意如图 1.2.4.8 所示。

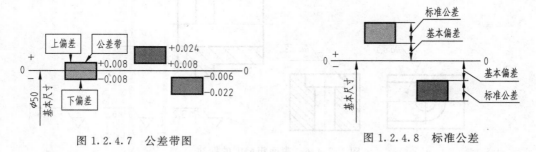

图 1.2.4.7　公差带图　　　　　　　　图 1.2.4.8　标准公差

（2）基本偏差　基本偏差是标准所列的，用以确定公差带相对零线位置的上偏差或下偏差，一般指靠近零线的那个偏差。当公差带在零线的上方时，基本偏差为下偏差；反之则为上偏差。轴与孔的基本偏差代号用拉丁字母表示，大写为孔，小写为轴，各有 28 个，其中 H（h）的基本偏差为零，常作为基准孔或基准轴的偏差代号，基本偏差系列示意图如图 1.2.4.9 所示。

5. 配合

基本尺寸相同的、相互结合的孔和轴公差带之间的关系称为配合。根据使用的要求不同，孔和轴之间的配合有松有紧，国家标准规定配合分三类：间隙配合、过盈配合和过渡

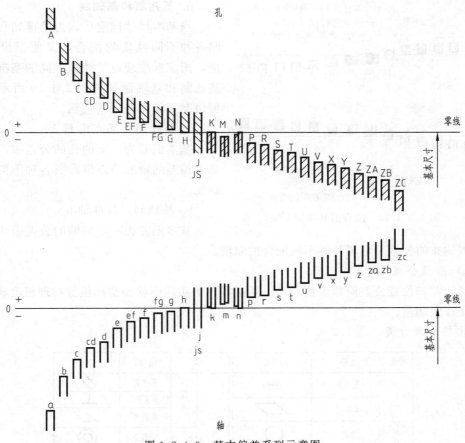

图 1.2.4.9 基本偏差系列示意图

配合。

　　a. 间隙配合：具有间隙（包括最小间隙等于零）的配合称为间隙配合。此时，孔的公差带在轴的公差带之上。

　　由于孔、轴的实际尺寸允许在各自的公差带内变动，所以孔、轴配合的间隙也是变动的。当孔为最大极限尺寸而轴为最小极限尺寸时，装配后的孔、轴为最松的配合状态，称为最大间隙 X_{max}；当孔为最小极限尺寸而轴为最大极限尺寸时，装配后的孔、轴为最紧的配合状态，称为最小间隙 X_{min}。

　　b. 过盈配合：具有过盈（包括最小过盈等于零）的配合称为过盈配合。此时，孔的公差带在轴的公差带之下。

　　在过盈配合中，孔的最大极限尺寸减轴的最小极限尺寸所得的差值为最小过盈 Y_{min}，是孔、轴配合的最松状态；孔的最小极限尺寸减轴的最大极限尺寸所得的差值为最大过盈 Y_{max}，是孔、轴配合的最紧状态。

　　c. 过渡配合：可能具有间隙或过盈的配合称为过渡配合。此时，孔的公差带与轴的公差带交叠。

　　孔的最大极限尺寸减轴的最小极限尺寸所得的差值为最大间隙 X_{max}，是孔、轴配合的最松状态；孔的最小极限尺寸减轴的最大极限尺寸所得的差值为最大过盈 Y_{max}，是孔、轴配合的最紧状态。

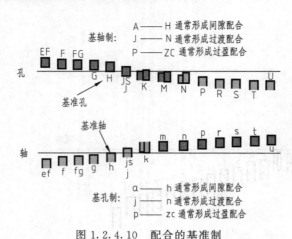

图 1.2.4.10　配合的基准制

6. 基孔制和基轴制

当基本尺寸确定后，为了得到孔与轴之间各种不同性质的配合，又便于设计和制造，国家标准规定了两种不同的基准制，即基孔制和基轴制如图 1.2.4.10 所示，在一般情况下优先选用基孔制。

a. 基孔制：基准孔 H

基本偏差为一定的孔的公差带，与不同基本偏差的轴的公差带形成各种不同配合的制度。

b. 基轴制：基准轴 h

基本偏差为一定的轴的公差带，与不同基本偏差的孔的公差带形成各种不同配合的制度。

（三）形位公差

形状公差和位置公差简称形位公差，是指零件的实际形状和实际位置对理想形状和理想位置的允许变动量。

1. 形位公差分类（图 1.2.4.11）

分类	名称	符号	分类	名称	符号
形状公差	直线度	—	位置公差	平行度	∥
	平面度	▱	定向	垂直度	⊥
	圆度	○		倾斜度	∠
	圆柱度	⌀	定位	同轴度	◎
	线轮廓度	⌒		对称度	⊜
	面轮廓度	◠		位置度	⊕
			跳动	圆跳动	↗
				全跳动	↗↗

图 1.2.4.11　形位公差分类

2. 基本术语

（1）要素：要素是指零件上的特征部分——点、线或面。要素可以是实际存在的零件轮廓上的点、线或面，也可以是由实际要素取得的轴线或中心平面等。

（2）被测要素：给出了形位公差要求的要素。

（3）基准要素：用来确定被测要素方向、位置的要素。

（4）公差带：限制实际要素变动的区域，公差带有形状、方向、位置、大小等属性。

公差带的主要形状有两等距直线之间的区域、两等距平面之间的区域、圆内的区域、两同心圆之间的区域、圆柱面内的区域、两同轴圆柱面之间的区域、球内的区域、两等距曲线之间的区域和两等距曲面之间的区域等。

3. 形位公差的标注（图 1.2.4.12）

形位公差可用二或三格的框格来标注。位置、方向、跳动公差一般需要标注相对基准。

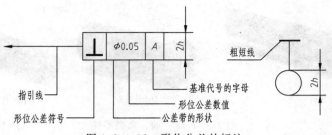

图 1.2.4.12 形位公差的标注

4. 形位公差的标注举例（图 1.2.4.13）

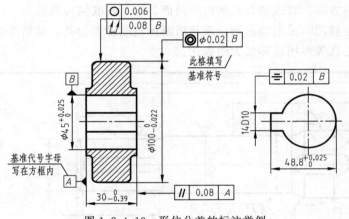

图 1.2.4.13 形位公差的标注举例

被测要素用带箭头的细实线与框格任意一端相连，箭头指向被测要素；与被测要素相关的基准用一个大写字母表示。字母标注在基准方格内，与一个涂黑的或空白的三角形相连以表示基准。

当形位公差无法采用框格代号标注时，允许在技术要求中用文字说明。

当基准要素或被测要素为轮廓线或轮廓面时，基准三角形放置在轮廓线或其延长线上，并明显地与尺寸线错开；当基准要素或被测要素是尺寸要素确定的轴线或对称平面时，基准三角形应放置在尺寸线的延长线上，并与尺寸线对齐。

形位公差只是用于零件上某些有较高要求的部分。

标注形位公差的部位，表面粗糙度、尺寸公差相应较高，是零件的重要表面。

三、典型零件的视图表达

（一）轴、套类零件

常见的轴、套类零件结构如图 1.2.4.14 所示。轴一般用于传递运动和扭矩。套类零件一般装在轴上，起轴向定位等作用。

（1）结构分析 轴套类零件的主体部分大多数由同轴心线、不同直径的数段回转体组成，轴向尺寸比径向尺寸大得多。轴上常有一些典型工艺结构，如键槽、退刀槽、螺纹、倒角、中心孔等结构，其形状和尺寸大部分已标准化。

（2）表达方法（图 1.2.4.15） 以主轴为例：其主要加工工序一般都在车床、磨床上进行。

(a) 主轴　　　　　　(b) 柱塞套　　　　　(c) 柱塞

图 1.2.4.14　轴、套类零件

主视图的放置位置：轴线侧垂放置，尽可能把直径较小一端放在右边，便于加工时图与实物对照读图。

主视图的投射方向：将键槽和孔结构朝前面，以反映其结构形状。

常采用一个主视图，采用局部剖视或移出断面表示轴上的孔、键槽等结构；对砂轮越程槽、退刀槽、中心孔等可用局部放大图表达。

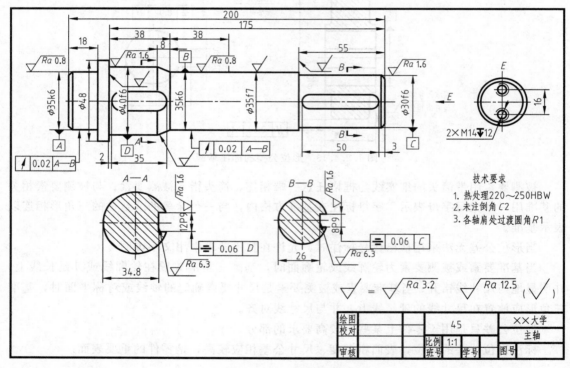

图 1.2.4.15　轴类实例

（二）盖、盘、轮类零件

常见的盖、盘、轮类零件结构如图 1.2.4.16 所示。这类零件主要有端盖、齿轮、手轮、皮带轮等。盘、盖类零件主要起支承、密封和压紧作用。轮类零件一般用于传递运动和扭矩。

（1）结构特点　这类零件主体一般为同轴线不同直径的回转体或其他几何形状的扁平板状，轴向尺寸小而径向尺寸较大，通常还带有各种形状的凸缘，这类零件上常有轴孔、减少加工面的凸缘、安装用螺孔、光孔和定位销孔及轮辐、肋板、油槽、键槽等。它们主要是在车床上进行加工。

（a）端盖

（b）齿轮

（c）手轮

（d）皮带轮

图 1.2.4.16　盖、盘、轮类零件

（2）表达方法（图 1.2.4.17）　这类零件一般需要两个基本视图表达，主视图常按加工位置放置，即轴线侧垂放置。为了表达其上的孔和槽的结构，常采用全剖的主视图。

其他视图一般采用左视图，主要表达零件上均匀分布的孔、肋板、槽等在零件上的相对位置以及结构形状。

依据需要，也可以采用断面、局部剖视、局部放大图等。

图 1.2.4.17 中，主视图采用平行剖切面剖切以表达内部结构，左视图表达各部分的结构形状及其上各种孔的分布。

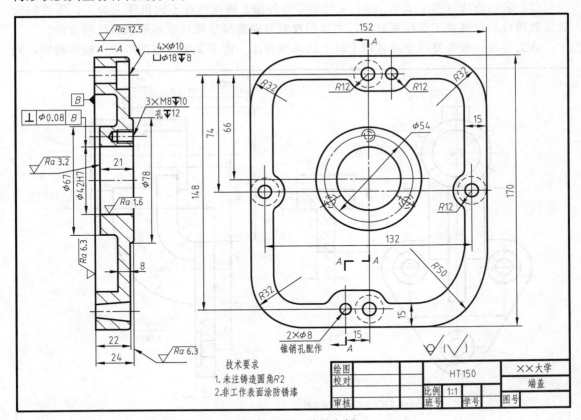

图 1.2.4.17　端盖实例

（三）叉架类零件

常见的叉架类零件结构如图 1.2.4.18 所示。它包括托架、摇臂、拨叉等。这类零件主要起支承、传动、连接等作用。

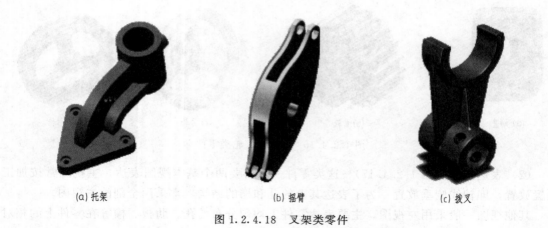

(a) 托架　　　　　　　　(b) 摇臂　　　　　　　　(c) 拨叉

图 1.2.4.18　叉架类零件

（1）结构特点　叉架类零件结构形状较复杂，形式多样，一般有倾斜、弯曲的结构。大都是由支承部分、工作部分和连接部分组成。常用铸造和锻压的方法制成毛坯，然后进行切削加工。

（2）表达方法（图 1.2.4.19）　叉架类零件各加工面往往在不同机床上加工，零件的安放位置按自然位置或工作位置放置，主视图投射方向选择最能反映其形状特征的方向。

这类零件一般需要两个或者两个以上的基本视图。由于叉架类零件形状一般不规则，倾

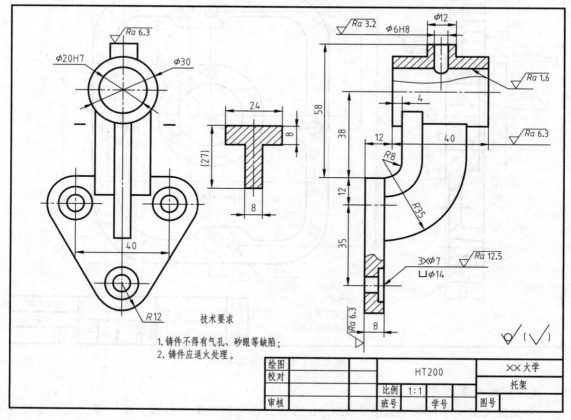

图 1.2.4.19　托架零件图

斜结构较多，除需要必要的基本视图以外，还需要采用斜视图、局部视图、断面图等表达零件的细部结构。

如图 1.2.4.19 所示，采用主视图表达了安装板、中部连接部分和上部圆柱的位置及形状，采用两处局剖的左视图表达了其上的通孔结构及中间连接板的形状，此外还采用移出断面图表达了中间连接部分的截面形状。

（四）箱壳类零件

常见的箱体类零件结构如图 1.2.4.20 所示。传动器箱体、阀体、泵体等都属于箱体类零件，这类零件多为铸件或者焊接件。这类零件是机器或部件的外壳或座体，它是机器或部件的骨架零件，起着支承、包容其他零件的作用。

(a) 传动器箱体　　　　　(b) 阀体　　　　　(c) 泵体

图 1.2.4.20　箱壳类零件

（1）结构特点　箱体类零件结构比较复杂，常由薄壁围成不同形状的内腔，容纳运动零件及油、气的介质和轴承孔。安装底板常有凸台或凹坑、螺孔与螺栓通孔及肋板等结构。毛坯多为铸件，一般需要各种加工工艺及设备。加工工序包括：车、刨、铣、镗、磨等加工方法，而且加工位置变化也最多。

（2）表达方法　由于箱体类零件结构形状较为复杂、加工位置多变，所以，一般以工作位置及最能反映其各组成部分形状特征及相对位置的方向作为主视图的投射方向。这类零件往往需要多个视图、剖视图、断面图以及其他表达方法。

如图 1.2.4.21 所示，传动器箱体主视图采用全剖视图，表达其内部孔的结构形状，同时采用一处重合断面，表达了肋板端部的形状；俯视图采用 $A—A$ 剖切表达底板、连接板、肋板形状及表面连接关系；左视图采用半剖和局部剖视以表达横断面内外形状和底板圆孔及圆筒端面螺纹孔的分布。

这类零件要表达简练，也应注意虚线的应用，如俯视图的虚线就不能省略，若省略不画，则需画仰视图。

四、读零件图

（一）读零件图的要求

读零件图应达到如下要求：

（1）了解零件的名称、材料和用途；

（2）了解零件的结构形状；

（3）了解零件的各部分尺寸大小和技术要求等。

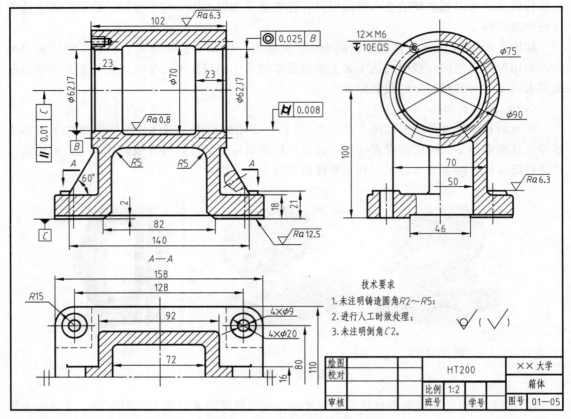

图 1.2.4.21　传动器箱体零件图

（二）读零件图的方法和步骤

读零件图的目的就是根据零件图想象出零件的结构形状，了解零件的尺寸及技术要求等，以便在制造过程中拟定合理的加工工艺方案，制造出合格的零件。

（1）概括了解　概括了解主要是阅读标题栏，从标题栏中获得零件的名称、比例、数量以及材料等信息，同时还要结合装配图了解该零件在部件中与其他零件的关系，从而对该零件的大小、加工方法等有一个初步的印象。

（2）分析表达方案　分析视图时，首先找出主视图，分析各视图之间的投影关系及所采用的表达方法。弄清所采用的各种表达方法在视图中所起的作用和目的。

（3）分析结构形状　零件的结构形状是按设计要求和工艺要求确定的。了解零件的结构形状是读图的重要目的。看图时：应先看主要部分，后看次要部分；先看整体，后看细节；先看容易看懂的部分，后看难懂部分。按投影对应关系分析形体时，要兼顾零件的尺寸及功用，以便帮助想象零件的形状。

（4）分析尺寸

① 找出长、宽、高三个方向的主要尺寸基准。从主要基准出发，分析主要尺寸和尺寸标注形式。

② 结合结构分析和形体分析，确定功能尺寸、定形尺寸、定位尺寸和总体尺寸。

③ 分析、查阅该零件与相关零件有连接关系的尺寸。

经过分析，明确尺寸标注是否完整、合理，是否符合设计和工艺要求。

（5）**分析了解技术要求** 零件图的技术要求是制造零件的质量指标。主要包括尺寸公差、表面粗糙度、形位公差以及图中的文字注解。根据图样中的符号及技术要求的文字注释，弄清加工表面的尺寸和精度要求。

（三）**读零件图举例**

以图 1.2.4.22 泵体零件图为例介绍读图过程。

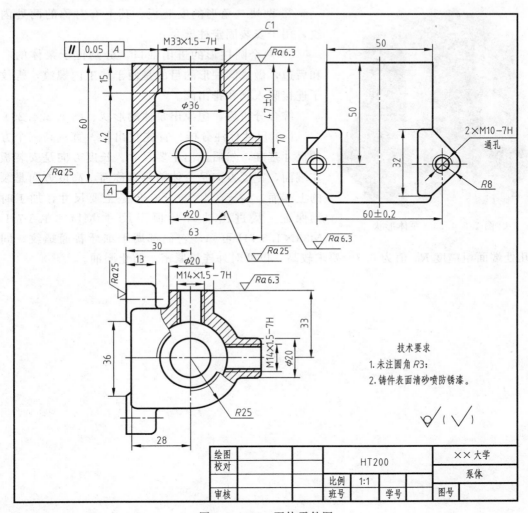

图 1.2.4.22 泵体零件图

（1）**概括了解** 由标题栏可知，该零件的名称为泵体，材料是 HT200，是铸造件；绘图比例为 1∶1。从名称可以看出，属箱体类零件，它的作用是容纳零件。

（2）**分析表达方案** 该零件图采用了主视、左视、俯视三个基本视图。主视图采用全剖视图，主要表达零件的内部结构。俯视图采用了局部剖视图，表达泵体俯视的外部结构和内部螺纹孔的结构。左视图采用了外形视图，表达了零件左视方向的外部形状、2×M10-7H 螺孔的位置及三角形安装板的形状等。

（3）**分析结构形状** 看图步骤如下。

① 先看主要部分，后看次要部分；

② 先看整体，后看细节；

③ 先看容易看懂部分，后看难懂部分。

按投影对应关系分析形体时，要兼顾零件的尺寸及其功用，以便帮助想象零件的形状。

从三个视图看，泵体由三部分组成：

① 外形主体为轴线铅垂的拱形体，内腔为圆柱形，用于容纳其他零件，下部直径小的凹坑用于放置弹簧，而且上部螺纹孔与柱塞套连接。

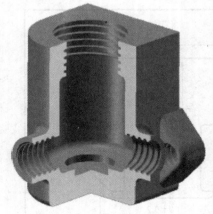

图 1.2.4.23　泵体形状

② 两块三角形的安装板。其上有对称的两处内螺纹，用于安装固定柱塞泵。

③ 两个圆柱形的进出油口，分别位于泵体的右边和后边，做成圆柱形的目的是便于加工内螺纹，螺纹用于连接吸入阀和排出阀。

综合分析后，想象出泵体的形状（图 1.2.4.23）。

（4）尺寸标注分析　首先找出长、宽、高三个方向的尺寸基准，然后找出主要尺寸。长度方向是安装板的左端面，宽度方向是泵体前后对称面，高度方向是泵体的上端面。47 ± 0.1、60 ± 0.2 是主要尺寸，加工时必须保证。从进出油口及顶面尺寸 $M14\times1.5\text{-}7H$ 和 $M33\times1.5\text{-}7H$ 可知，它们都属于细牙普通螺纹。同时这几处端面粗糙度 Ra 值为 6.3，要求较高，以便对外连接紧密，防止漏油。

工程二
CAD三维建模技术

任务一　Autodesk Inventor 2016 入门

一、Autodesk Inventor 2016 概述

CAD 三维建模技术的发展经历了线框造型、曲面造型、实体造型、参数化造型以及变量化造型几个阶段。

其中线框造型、曲面造型和实体造型技术都属于无约束自由造型技术，进入 20 世纪 80 年代中期，CV 公司内部提出了一种比无约束自由造型更新颖、更好的算法——参数化实体造型方法。它的主要特征：基于特征、全尺寸约束、全数据相关、尺寸驱动设计修改。

(1) 基于特征　基于特征是指在参数化造型环境中，零件是由特征组成的，所以参数化造型也可成为基于特征的造型。参数化造型系统可把零件的特征十分直观地表达出来，因为零件本身就是特征的集合。

(2) 全尺寸约束　全尺寸约束是指特征的属性全部通过尺寸来进行定义。比如在 "Autodesk Inventor" 软件中进行打孔，需要确定孔的直径和深度；如果孔的底部为锥形，则需要确定锥度的大小；如果是螺纹孔，那么需要指定螺纹的类型、公称尺寸、螺距等相关参数。如果将特征的所有尺寸都设定完毕，那么特征就可以成功生成，并且以后可以任意进行修改。

(3) 全数据相关　全数据相关是指模型的数据如尺寸数据等不是独立的，而是具有一定的关系。例如，设计一个长方体，要求其长（length）、宽（width）和高（height）的比例是一定的（如 $1:2:3$），这样长方体的形状就是一定的，尺寸的变化仅仅意味着其大小的改变。那么在设计的时候，可将其长度设置为 L，将其宽度设置为 $2L$，高度设置为 $3L$。这样，如果以后对长方体的尺寸数据进行修改的话，仅仅改变其长度参数就可以了。如果分别设置长方体的 3 个尺寸参数的话，以后在修改设计尺寸的时候，工作量就增加了。

(4) 尺寸驱动设计修改　尺寸驱动设计修改是指在修改模型特征时，由于特征是尺寸驱动的，所以可针对需要修改的特征，确定需要修改的尺寸或者关联的尺寸。在某些 CAD 软件中，零件图的尺寸和工程图的尺寸是关联的，改变零件图的尺寸，工程图中对应的尺寸会自动修改，一些软件甚至支持从工程图中对零件进行修改，也就是说修改工程图中的某个尺寸，则零件图中对应特征会自动更新为修改过的尺寸。

二、Autodesk Inventor 2016 工作界面

Autodesk Inventor（下简称 Inventor）工作界面包括主菜单、快速访问工具栏、功能区、浏览器、导航工具和状态栏，如图 2.1.1.1 所示。

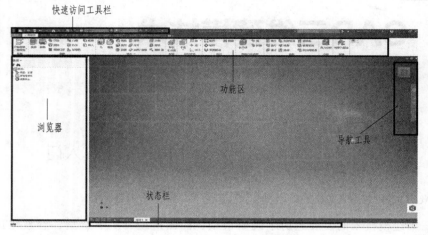

图 2.1.1.1　Inventor 工作界面

（一）应用程序主菜单

单击位于 Inventor 窗口左上角的"I"按钮，弹出应用程序主菜单，如图 2.1.1.1 所示。应用程序菜单具体内容如下。

1. 新建文档

选择"新建"命令即弹出"新建文件"对话框（见图 2.1.1.2），单击对应的模板即创建基于此模板的文件，也可以单击其扩展子菜单直接选定模板来创建文件。当前模板的单位

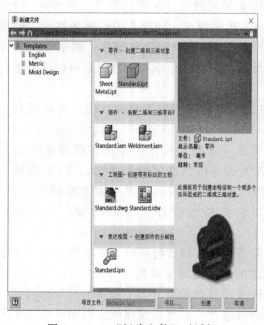

图 2.1.1.2　"新建文件"对话框

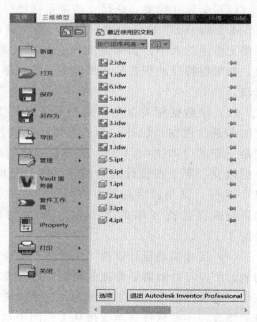

图 2.1.1.3　选择模板

与安装时选定的单位一致。用户可以通过替换"Templates"目录下的模板更改模板设置，也可以将鼠标指针悬于"新建"选项上或单击其后的扩展按钮，在弹出的列表中直接选择模板，如图 2.1.1.3 所示。

当 Inventor 中没有文档打开时，可以在"新建文件"对话框中指定项目文件或者新建项目文件，用于管理当前文件。

2. 打开文档

选择"打开"命令会弹出"打开"对话框。将鼠标指针悬停在"打开"选项上或者单击其后的扩展按钮，会显示"打开""打开 DWG""从资源中心打开""导入 DWG"和"打开样式"选项。

"打开"对话框与"新建文件"对话框可以互相切换，并可以在无文档的情况下修改当前项目或者新建项目文件。

3. 保存/另存为文档/导出

将激活文档以指定格式保存到指定位置。如果第一次创建，在保存时会打开"另存为"对话框，如图 2.1.1.4 所示。"另存为"则用来以不同文件名、默认格式保存。"保存副本"则将激活文档按"保存副本"对话框指定格式另存为新文档，原文档继续保持打开状态。Inventor 支持多种格式的输出，如 IGES、STEP、SAT、Parasolid 等。

另外，"另存为"还集成了一些功能：

（1）以当前文档为原型创建模板，即将文档另存到系统 Templates 文件夹下或用户自定义模板文件夹下；

（2）利用打包工具将 Inventor 文件及其引用的所有文件打包到一个位置。所有从选定项目或文件夹引用选定 Inventor 文件的文件也可以包含在包中。

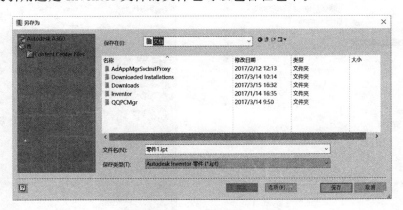

图 2.1.1.4 "另存为"对话框

4. 管理

管理包括创建或编辑项目文件，查看 iFeature 目录，查找、跟踪和维护当前文档及相关数据，更新旧的文档使之移植到当前版本，更新任务中所有过期的文件等。

5. iProperty

使用 iProperty 可以跟踪和管理文件，创建报告以及自动更新部件 BOM 表，工程图明细栏、标题栏和其他信息，如图 2.1.1.5 所示。

6. 设置应用程序选项

单击"选项"按钮会打开"应用程序选项"对话框，如图 2.1.1.6 所示。在该对话框

图 2.1.1.5 "iProperty"对话框

中，用户可以对 Inventor 的零件环境、iFeature、部件环境、工程图、文件、颜色、显示等属性进行自定义设置，同时可以将应用程序选项设置导出到 XML 文件中，从而使其便于在各计算机之间使用并易于移植到下一个 Inventor 版本。此外，CAD 管理器还可以使用这些设置为所有用户或特定组部署一组用户配置。

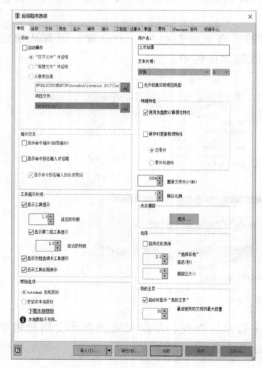

图 2.1.1.6 "应用程序选项"对话框

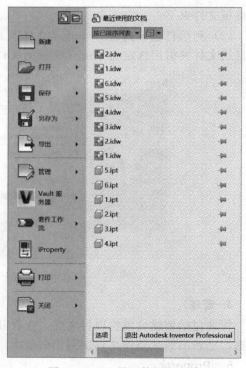

图 2.1.1.7 最近使用的文档

7. 预览最近访问的文档

通过"最近使用的文档"列表查看最近使用的文件，如图 2.1.1.7 所示。在默认情况下，文件显示在"最近使用的文档"列表中，并且最新使用的文件显示在顶部。

鼠标指针悬停在列表中一个文件名上时，会显示此文件的以下信息：

- 文件的预览缩略视图。
- 存储文件的路径。
- 上次修改文件的日期。

（二）功能区

除了继续支持传统的菜单和工具栏界面之外，Autodesk Inventor 2016 默认采用功能区界面以便用户使用各种命令，如图 2.1.1.8 所示。功能区将与当前任务相关的命令按功能组成面板并集中到一个选项卡。这种用户界面和元素被大多数 Autodesk 产品接受，方便 Autodesk 用户像其他 Autodesk 产品移植文档。

图 2.1.1.8 功能区

功能区具有以下特点。

- 直接访问命令：轻松访问常用的命令。研究表明，增加目标命令图标的大小可使用户访问命令的时间锐减（费茨法则）。
- 发现极少使用的功能：库控制（例如"标注"选项卡中用于符号的控制件）可提供图形化显示可创建的扩展选项板。
- 基于任务的组织方式：功能区的布局及选项卡和面板内的命令组，是根据用户任务和对客户命令使用模式的分析而优化设计的。
- Autodesk 产品外观一致：Autodesk 产品家族中的 AutoCAD、Autodesk Design、Review、Autodesk Inventor、Revit、3ds Max 采用风格相似的界面。用户只要熟悉一种产品就可以"触类旁通"。
- 上下文选项卡：使用唯一的颜色标识专用于当前工作环境的选项卡，方便用户进行选择。
- 用户程序的无缝环境：目的或任务催生了 Inventor 内的虚拟环境，这些虚拟环境帮助用户了解环境目的及如何访问可用工具，并提供反馈来强化操作。每个环境的组件在放置和组织方面都是一致的，包括用于进入和退出的访问点。
- 更少的可展开菜单和下拉菜单：减少了可展开菜单和下拉菜单中的命令数，可以减少鼠标单击次数。用户还可以选择向展开菜单中添加命令。
- 扩展型工具提示：Inventor 功能区中的许多命令都具有增强（扩展）的工具提示了最初显示命令的名称及对命令的简短描述，如果继续悬停鼠标指针，则工具提示会展开提供更多信息。此时按住"F1"键可调用对应的帮助信息，如图 2.1.1.9 所示。

Inventor 具有多个功能模块，如：二维草图模块、特征模块、部件模块、工程图模块、表达视图模块、应力分析模块等，每一个模块都拥有自己独特的菜单栏、功能区和浏览器，并且由这些菜单、功能区和浏览器组成了自己独特的工作环境。用户最常接触的 6 种工作环境包括：草图环境、零件（模型）环境、钣金模型环境、部件（装配）环境、工程图环境和表达视图环境。

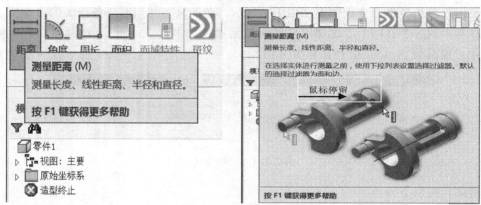

图 2.1.1.9　扩展型工具提示

（三）快速工具

快速访问工具栏默认位于功能区上，是可以在所有环境中进行访问的自定义命令组，如图 2.1.1.10 所示。

图 2.1.1.10　快速访问工具栏

在功能区中的命令上单击鼠标右键，在弹出的快捷菜单中选择"添加到快速访问工具栏"命令可将该命令添加到快速访问工具栏中，如图 2.1.1.11 所示。若要删除则只需要在"快速访问工具栏"上用鼠标右键单击该命令，在弹出的快捷菜单中选择"从快速访问工具栏中删除"命令即可，如图 2.1.1.12 所示。

快速工具栏选项主要包括新建、打开、保存、撤销、恢复、返回、更新、选择优先设置、颜色替代等按钮，如图 2.1.1.10 所示。

（1）新建。新建模板文件环境，如零件、装配、工程图、表达视图等。

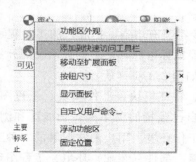

图 2.1.1.11　添加命令到快速访问工具栏

图 2.1.1.12　从快速访问工具栏中删除命令

（2）打开。打开并使用现有的一个或多个文件；在同时打开多个文件时可以按住"Shift"键按顺序选择多个文件，也可以按住"Ctrl"键不按顺序选择多个文件。

（3）保存。将激活的文档内容保存到窗口标题中指定的文件，并且文件保持打开状态。另外还有以下3种保存方式。

另存为：将激活的文档内容保存到"另存为"对话框中指定的文件。原始文档关闭，新保存的文档打开，原始文件的内容保持不变。

保存副本为：将激活的文档内容保存到"保存副本为"对话框中指定的文件，并且原始文件保持打开状态。

保存副本为模板：直接将文件作为模板文件进行保存。

（4）撤销。撤销上一个功能命令。

（5）恢复。取消最近一次撤销操作。

（6）返回。有以下3个级别的操作。

返回：返回到上一个编辑状态。

返回到父级：返回到浏览器中的父零部件。

返回到顶级：返回到浏览器中的顶端模型，而不考虑编辑目标在浏览器装配层次中的嵌套深度。

（7）更新。获取最新的零件特征。

本地更新：仅重新生成激活的零件或子部件及其从属子项。

全局更新：所有零部件（包括顶级部件）都将更新。

（8）颜色替代。可以改变零件表面的颜色。

（四）导航工具

ViewCube 是一种屏幕上的设备，与"常用视图"类似。在 R2009 及更高版本中，ViewCube 替代了"常用视图"，由于其简单易用，已经成为 Autodesk 产品家庭中如 AutoCAD、Alias、Revit 等 CAD 软件必备的"装备"之一。ViewCube 如图 2.1.1.13 所示。

与"常用视图"类似，单击 ViewCube 的角可以将模型捕捉到等轴测视图，而单击面可以将模型捕捉到平行视图。ViewCube 具有以下附加特征。

图 2.1.1.13 ViewCube

• 始终位于屏幕上的图形窗口的一角（可通过 ViewCube 选项指定显示屏幕位置）。

• 在 ViewCube 上拖动鼠标可旋转当前三维模型，方便用户动态观察模型。

• 提供一些有标记的面，可以指示当前相对于模型的观察角度。

• 提供了可单击的角、边和面。

• 提供了"主视图"按钮，以返回至用户定义的基础视图。

• 能够将"前视图"和"俯视图"设定为用户定义的视图，而且也可以重定义其他平行视图及等轴测视图。重新定义的视图可以被其他环境或应用程序（如工程图或 DWF）识别。

• 在平行视图中，提供了旋转箭头，使用户能够以 90° 为增量，垂直于屏幕旋转照相机。

• 提供了使用户能够根据自己的配置调整立方体特征的选项。

（五）浏览器

浏览器显示了零件、部件和工程图的装配层次。对每个工作环境而言，浏览器都是唯一的，并总是显示激活文件的信息。

（六）状态栏

状态栏位于 Inventor 窗口底端的水平区域，提供关于当前正在窗口中编辑的内容的状态以及草图状态等信息内容。

（七）绘图区

绘图区是指在标题栏下方的大片空白区域。绘图区域是用户建立图形的区域，用户完成一幅设计图形的主要工作都是在绘图区域中完成的。

任务二　绘制草图

一、草图特征

草图是三维造型的基础，是创建零件的第一步。创建草图时所处的工作环境就是草图环境，草图环境是专门用来创建草图几何图元的，虽然设计零件的几何形状各不相同，但是用来创建零件的草图几何图元的草图环境都是相同的。

草图特征是一种三维特征，它是在二维草图的基础上建立的，用 Inventor 的草图特征可以表现出大多数基本的设计意图。当创建一个草图特征时，必须首先创建一个三维的草图或者创建一个截面轮廓。而所绘制的轮廓通常是表现创建的三维特征的二维截面形状，对于大多数复杂的草图特征，截面轮廓可以创建在一张草图上。

用户可以以不同的三维模型轮廓创建零件的多个草图，然后在这些草图之上建立草图特征。所创建的第一个草图特征被称为基础特征，当创建好基础特征之后，就可以在此三维模型的基础上添加草图特征或者添加放置特征。

二、退化和未退化的草图

当创建一个零件时，第一个草图是自动创建的，在大多数情况下会使用默认的草图作为三维模型的基础视图。在草图创建好之后，就可以创建草图特征，比如拉伸或旋转来创建单位模型最初的特征。对于三维特征来说，在创建三维草图特征的同时，草图本身也就变成了退化草图，如图 2.1.2.1 所示。除此之外，草图还可以通过"共享草图"重新定义成未退化

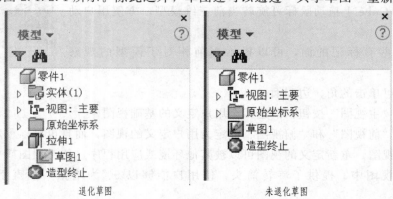

退化草图　　　　　　　　　　　　　　未退化草图

图 2.1.2.1　草图

的草图，在更多的草图特征中使用。在草图退化后，仍可以进入草图编辑状态，如图 2.1.2.2 所示，在浏览器中用右键单击草图进入编辑状态。

草图右键菜单中的命令如下。

1. 编辑草图：可以激活草图环境进行编辑，草图上的一些改变可以直接反映在三维模型中。

2. 特征：可以对几何图元特性如线颜色、线形、线宽等进行设置。

3. 重定义：可以确保用户能重新选择创建草图的面，草图上的一些改变可以直接反映在三维模型中。

4. 共享草图：使用共享草图可以重复使用该草图添加一些其他的草图特征。

5. 编辑坐标系：激活草图可以编辑坐标系，比如可以改变 X 轴和 Y 轴的方向，或者重新定义草图的方向。

6. 创建注释：使用工程师记事本给草图增加注释。

7. 可见性：当一个草图通过特征成为退化草图后，它将会自动关闭。通过这个命令可以设置草图可见性以使其处于打开或关闭状态。

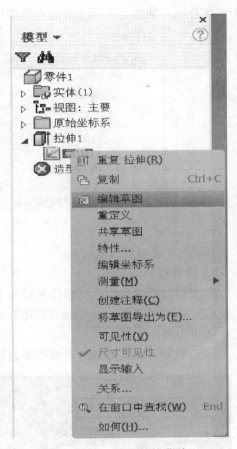

图 2.1.2.2　草图快捷菜单

三、草图和轮廓

在创建草图轮廓时，要尽量能创建包含许多轮廓的几何草图。草图轮廓有两种类型：开放的和封闭的。封闭的轮廓多用于创建三维几何模型，开放的轮廓用于创建路径和曲面。草图轮廓也可以通过投影模型几何图元的方式来创建。

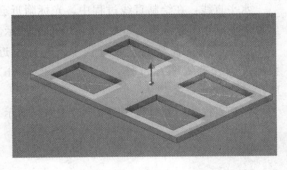

图 2.1.2.3　多个封闭轮廓

在创建许多复杂的草图轮廓时，必须以封闭的轮廓来创建草图。在这种情况下，往往是一个草图中包含着多个封闭的轮廓。在一些情况下，封闭的轮廓将会与其他轮廓相交。在用这种类型的草图来创建草图特征时，可以使所创建的特征包含一个封闭或多个封闭的轮廓，如图 2.1.2.3 所示。注意选择要包含在草图特征中的轮廓。

四、共享草图的特征

可以用共享草图的方式重复使用一个已存在的退化的草图。共享草图后，为了重复添加草图特征仍需要将草图可见。

通常，共享草图可以创建多个草图特征。当共享草图后，它的几何轮廓就可以无限地添加草图特征。如图 2.1.2.4 所示，草图已被共享，并且已被用于两个草图特征。

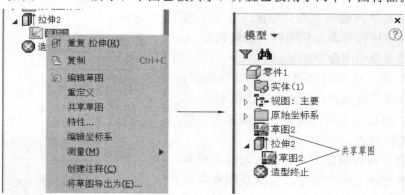

图 2.1.2.4　共享草图

（一）草图绘制工具

1. 绘制点

创建草图点或中心点的操作步骤如下。

（1）单击"草图"标签栏"创建"面板上的"点"按钮，然后在绘图区域内任意位置单击，即可出现一个点。

（2）如果要继续绘制点，可在要创建点的位置再次单击，若要结束绘制可单击右键，在弹出的如图 2.1.2.5 所示的快捷菜单中选择"确定"选项。

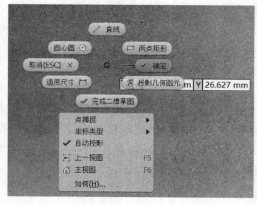

图 2.1.2.5　快捷菜单

2. 直线

直线分为 3 种类型：水平直线、竖直直线和任意直线。在绘制过程中，不同类型的直线其显示方式不同。

水平直线：在绘制直线过程中，光标附近会出现水平直线图标符号，如图 2.1.2.6（a）所示。

竖直直线：在绘制直线过程中，光标附近会出现竖直直线图标符号，如图 2.1.2.6（b）所示。

任意直线：绘制直线如图 2.1.2.6（c）所示。

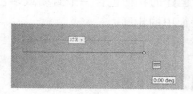

(a) 水平直线

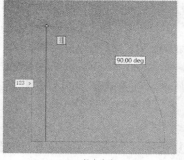

(b) 竖直直线

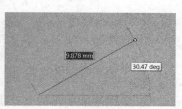

(c) 任意直线

图 2.1.2.6　绘制直线

绘制过程如下。

（1）单击"草图"标签栏"创建"面板的"直线"按钮，开始绘制直线。

（2）在绘制区域内某一位置单击，然后到另一个位置单击，在两次单击点的位置之间会出现一条直线，单击鼠标右键并在弹出的快捷菜单中选择"确定"选项或按下"Esc"键，直线绘制完成。

（3）也可以选择"重新启动"选项以接着绘制另外的直线。否则，如一直继续绘制，将绘制出首尾相接的折线，如图 2.1.2.7 所示。

直线命令还可以创建与几何图元相切或垂直的圆弧，如图 2.1.2.8 所示。首先移动鼠标到直线的一个端点，然后按住左键，在要创建圆弧的方向上拖动鼠标，即可创建圆弧。

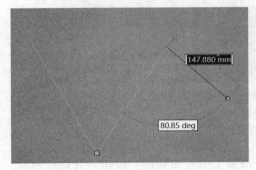
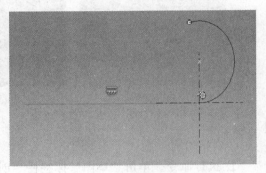

图 2.1.2.7　绘制首尾相连直线　　　　　图 2.1.2.8　利用直线工具创建圆弧

3. 样条曲线

通过选定的点来创建样条曲线。样条曲线的绘制过程如下。

（1）单击"草图"标签栏"创建"面板上的"样条曲线（控制顶点）"按钮开始绘制样条曲线。

（2）在绘图区域单击，确定样条曲线的起点。

（3）移动鼠标，在图中合适的位置单击鼠标，确定样条曲线上的第二个点，如图 2.1.2.9（a）所示。

（4）重复移动鼠标，确定样条曲线上的其他点，如图 2.1.2.9（b）所示。

（5）按"Enter"键完成样条曲线的绘制，如图 2.1.2.9（c）所示。

4. 圆

圆可以通过两种方式来绘制：一种是绘制基于中心的圆；另一种是绘制基于周边切线的圆。

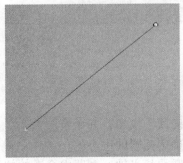
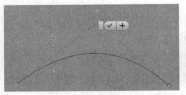

(a) 确定第二点　　　　　　　(b) 确定其他点　　　　　　　(c) 完成样条曲线

图 2.1.2.9　绘制样条曲线

（1）圆心圆

① 执行命令。单击"草图"标签栏"创建"面板上的"圆心圆"按钮，开始绘制圆。

② 绘制圆心。在绘图区域单击鼠标确定圆的圆心，如图 2.1.2.10（a）所示。

③ 确定圆的半径。移动鼠标拖出一个圆，然后单击鼠标确定圆的半径，如图 2.1.2.10（b）所示。

④ 确定绘制的圆。单击鼠标，完成圆的绘制，如图 2.1.2.10（c）所示。

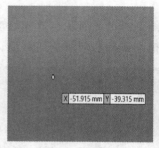  

（a）确定圆心　　　　　　　（b）确定圆半径　　　　　　　（c）完成圆绘制

图 2.1.2.10　绘制圆心圆

（2）相切圆

① 执行命令。单击"草图"标签栏"创建"面板上的"相切圆"按钮，开始绘制圆。

② 确定第一条相切线。在绘图区域选择一条直线确定第一条相切线，如图 2.1.2.11（a）所示。

③ 确定第二条相切线。在绘图区域选择一条直线确定第二条相切线，如图 2.1.2.11（b）所示。

④ 确定第三条相切线。在绘图区域选择一条直线确定第三条相切线，单击鼠标右键确定圆。

⑤ 确定绘制的圆。单击鼠标完成圆的绘制，如图 2.1.2.11（c）所示。

（a）确定第一条相切线　　　　（b）确定第二条相切线　　　　（c）完成圆绘制

图 2.1.2.11　绘制相切圆

5. 椭圆

根据中心点、长轴与短轴创建椭圆。

（1）执行命令。单击"草图"标签栏"创建"面板上的"椭圆"按钮，开始绘制椭圆。

（2）绘制椭圆的中心。在绘图区域合适的位置单击鼠标，确定椭圆的中心。

（3）确定椭圆的长半轴。移动鼠标，在鼠标附近会显示椭圆的长半轴。在圆中合适的位置单击鼠标，确定椭圆的长半轴，如图 2.1.2.12（a）所示。

（4）确定椭圆的短半轴。移动鼠标，在圆中合适的位置单击鼠标，确定椭圆的短半轴，如图 2.1.2.12（b）所示。

（5）确定绘制的椭圆。单击鼠标完成椭圆的绘制，如图 2.1.2.12（c）所示。

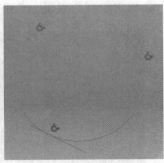

（a）确定长半轴　　　　　　　　（b）确定椭圆的短半轴　　　　　　　　（c）完成椭圆绘制

图 2.1.2.12　绘制椭圆

6. 圆弧

圆弧可以通过 3 种方式来绘制：第一种是通过三点绘制圆弧；第二种是通过圆心、半径来确定圆弧；第三种是绘制基于周边的圆弧。

（1）三点圆弧

① 执行命令。单击"草图"标签栏"创建"面板上的"三点圆弧"按钮，绘制三点圆弧。

② 确定圆弧的起点。在绘图区域合适的位置单击鼠标，确定圆弧的起点。

③ 确定圆弧的终点。移动光标在绘图区域合适的位置单击鼠标，确定圆弧的终点，如图 2.1.2.13（a）所示。

④ 确定圆弧的方向。移动光标在绘图区域合适的位置单击鼠标，确定圆弧的方向，如图 2.1.2.13（b）所示。

⑤ 确定绘制的圆弧。单击鼠标完成圆弧的绘制，如图 2.1.2.13（c）所示。

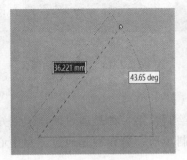

（a）确定终点　　　　　　　　（b）确定圆弧方向　　　　　　　　（c）完成圆弧绘制

图 2.1.2.13　绘制三点圆弧

（2）圆心圆弧

① 执行命令。单击"草图"标签栏"创建"面板上的"圆心圆弧"按钮，绘制圆弧。

② 确定圆弧的中心。在绘图区域合适的位置单击鼠标，确定圆弧的中心。

③ 确定圆弧的起点。移动光标在绘图区域合适的位置单击鼠标，确定圆弧的起点，如图 2.1.2.14（a）所示。

④ 确定圆弧的终点。移动光标在绘图区域合适的位置单击鼠标，确定圆弧的终点，如图 2.1.2.14（b）所示。

⑤ 确定绘制的圆弧。单击鼠标完成圆弧的绘制，如图 2.1.2.14（c）所示。

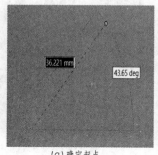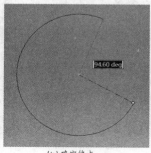

(a)确定起点　　　　　　　　(b)确定终点　　　　　　　　(c)完成圆弧绘制

图 2.1.2.14　绘制圆心圆弧

（3）相切圆弧

① 执行命令。单击"草图"标签栏"创建"面板上的"相切圆弧"按钮，绘制圆弧。

② 确定圆弧的起点。在绘图区域中选取曲线，自动捕捉曲线的端点，如图 2.1.2.15（a）所示。

③ 确定圆弧的终点。移动光标在绘图区域合适的位置单击鼠标，确定圆弧的终点，如图 2.1.2.15（b）所示。

④ 确定绘制的圆弧。单击鼠标完成圆弧的绘制，如图 2.1.2.15（c）所示。

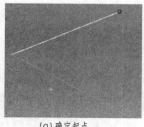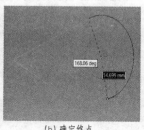

(a)确定起点　　　　　　　　(b)确定终点　　　　　　　　(c)完成圆弧绘制

图 2.1.2.15　绘制相切圆弧

7. 矩形

矩形可以通过 4 种方式来绘制：第一种是通过两点绘制矩形；第二种是通过三点绘制矩形；第三种是通过两点中心绘制矩形；第四种是通过三点中心绘制矩形。

（1）两点矩形

① 执行命令。单击"草图"标签栏"创建"面板上的"两点矩形"按钮，绘制矩形。

② 绘制矩形角点。在绘图区域单击鼠标，确定矩形的一个角点 1，如图 2.1.2.16（a）所示。

③ 绘制矩形的另一个角点。移动鼠标确定矩形的另一个角点 2，如图 2.1.2.16（b）所示。

④ 完成矩形的绘制，如图 2.1.2.16（c）所示。

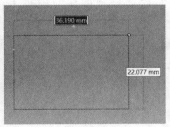

（a）确定角点1　　　　　　　（b）确定角点2　　　　　　　（c）完成矩形绘制

图 2.1.2.16　绘制两点矩形

（2）三点矩形

① 执行命令。单击"草图"标签栏"创建"面板上的"三点矩形"按钮，绘制矩形。

② 绘制矩形的角点 1。在绘图区域单击鼠标，确定矩形的一个角点 1，如图 2.1.2.17（a）所示。

③ 绘制矩形的角点 2。移动鼠标单击，确定矩形的另一个角点 2，如图 2.1.2.17（b）所示。

④ 绘制矩形的角点 3。移动鼠标单击，确定矩形的另一个角点 3。完成矩形的绘制，如图 2.1.2.17（c）所示。

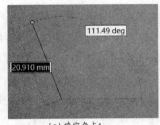
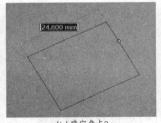

（a）确定角点1　　　　　　　（b）确定角点2　　　　　　　（c）完成矩形绘制

图 2.1.2.17　绘制三点矩形

（3）两点中心矩形

① 执行命令。单击"草图"标签栏"创建"面板上的"两点中心矩形"按钮，绘制矩形。

② 确定中心点。在绘图区域单击第一点，确定矩形的中心，如图 2.1.2.18（a）所示。

③ 确定对角点。移动鼠标并单击以确定矩形的对角点，如图 2.1.2.18（b）所示，完成矩形的绘制，如图 2.1.2.18（c）所示。

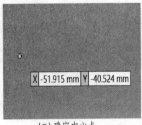
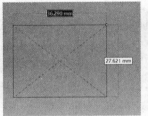
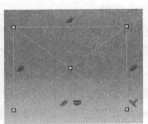

（a）确定中心点　　　　　　　（b）确定对角点　　　　　　　（c）完成矩形绘制

图 2.1.2.18　绘制两点中心矩形

（4）三点中心矩形

① 执行命令。单击"草图"标签栏"创建"面板上的"三点中心矩形"按钮，绘制矩形。

② 确定中心点。在绘图区域单击第一点，确定矩形的中心，如图 2.1.2.19（a）所示。

③ 确定长度。单击第二点，确定矩形的长度，如图 2.1.2.19（b）所示。

④ 确定宽度。拖动鼠标以确定矩形相邻边的长度，完成矩形的绘制，如图 2.1.2.19（c）所示。

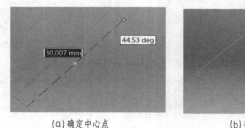  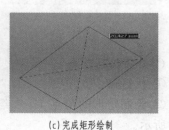

(a)确定中心点　　　　　　　(b)确定长度　　　　　　　(c)完成矩形绘制

图 2.1.2.19　绘制三点中心矩形

8. 槽

槽包括 5 种类型，即"中心到中心槽""整体槽""中心点槽""三点圆弧槽"和"圆心圆弧槽"。

（1）中心到中心槽

① 执行命令。单击"草图"标签栏"创建"面板上的"中心到中心槽"按钮，绘制槽。

② 确定第一个中心。在图形窗口中单击任意一点，以确定槽的第一个中心，如图 2.1.2.20（a）所示。

③ 确定第二个中心。单击第二点，以确定槽的第二个中心，如图 2.1.2.20（b）所示。

④ 确定宽度。拖动鼠标单击确定得到槽的宽度，完成槽的绘制，如图 2.1.2.20（c）所示。

(a)确定第一个中心　　　　　　(b)确定第二个中心　　　　　　(c)完成槽绘制

图 2.1.2.20　绘制中心到中心槽

（2）整体槽

① 执行命令。单击"草图"标签栏"创建"面板上的"整体槽"按钮，绘制槽。

② 确定第一点。在图形窗口中单击任意一点，以确定槽的第一个点，如图 2.1.2.21（a）所示。

③ 确定长度。拖动鼠标单击，以确定槽的长度，如图 2.1.2.21（b）所示。

④ 确定宽度。拖动鼠标单击，以确定槽的宽度，完成槽的绘制，如图 2.1.2.21（c）所示。

（3）中心点槽

(a)确定第一中点　　　　　　(b)确定长度　　　　　　(c)完成槽绘制

图 2.1.2.21　绘制整体槽

① 执行命令。单击"草图"标签栏"创建"面板上的"中心点槽"按钮，绘制槽。

② 确定中心点。在图形窗口中单击任意一点，以确定槽的中心点，如图 2.1.2.22 (a) 所示。

③ 确定圆心。单击第二点，以确定槽圆弧的圆心，如图 2.1.2.22 (b) 所示。

④ 确定宽度。拖动鼠标单击，以确定槽的宽度，完成槽的绘制，如图 2.1.2.22 (c) 所示。

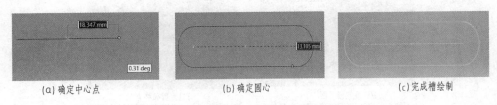

(a)确定中心点　　　　　　(b)确定圆心　　　　　　(c)完成槽绘制

图 2.1.2.22　绘制中心点槽

(4) 三点圆弧槽

① 执行命令。单击"草图"标签栏"创建"面板上的"三点圆弧槽"按钮，绘制槽。

② 确定圆弧起点。在图形窗口中单击任意一点，以确定槽圆弧的起点，如图 2.1.2.23 (a) 所示。

③ 确定圆弧终点。单击任意一点，以确定槽的终点。

④ 确定圆弧大小。单击任意一点，以确定槽圆弧的大小，如图 2.1.2.23 (b) 所示。

⑤ 确定槽宽度。拖动鼠标，以确定槽的宽度，如图 2.1.2.23 (c) 所示，完成槽的绘制，如图 2.1.2.23 (d) 所示。

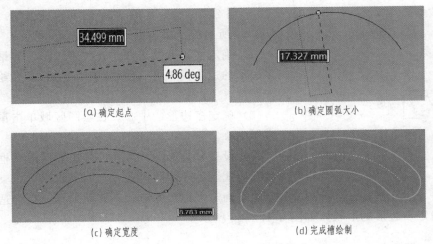

(a)确定起点　　　　　　　　　　(b)确定圆弧大小

(c)确定宽度　　　　　　　　　　(d)完成槽绘制

图 2.1.2.23　绘制三点圆弧槽

（5）圆心圆弧槽

① 执行命令。单击"草图"标签栏"创建"面板上的"圆心圆弧槽"按钮，绘制槽。

② 确定圆弧圆心。在图形窗口中单击任意一点，以确定槽的圆弧圆心，如图 2.1.2.24（a）所示。

③ 确定圆弧起点。单击任意一点，以确定槽圆弧的起点。

④ 确定圆弧终点。拖动鼠标到适当位置，单击确定圆弧终点，如图 2.1.2.24（b）所示。

⑤ 确定槽的宽度。拖动鼠标，以确定槽的宽度，如图 2.1.2.24（c）所示，完成槽的绘制，如图 2.1.2.24（d）所示。

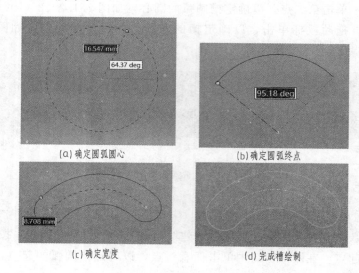

(a)确定圆弧圆心　　　　　　(b)确定圆弧终点

(c)确定宽度　　　　　　(d)完成槽绘制

图 2.1.2.24　绘制圆心圆弧槽

9. 多边形

用户可以通过多边形命令创建最多包含 120 条边的多边形。用户可以通过指定边的数量和创建方法来创建多边形。

执行命令。单击"草图"标签栏"创建"面板上的"多边形"按钮，弹出如图 2.1.2.25 所示的"多边形"对话框。

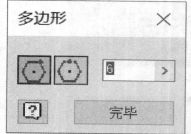

图 2.1.2.25　"多边形"对话框

（1）确定多边形的边数。在"多边形"对话框中，输入多边形的边数，也可以使用默认的边数，在绘制以后再进行修改。

（2）确定多边形的中心。在绘图区域单击鼠标，确定多边形中心。

（3）设置多边形参数。在"多边形"对话框中选择是内接圆模式还是外切圆模式。

（4）确定多边形的形状。移动鼠标，在合适的位置单击鼠标，确定多边形的形状，如图 2.1.2.26 所示。

10. 投影

将不在当前草图中的几何图元投影到当前草图以便使用，投影结束与原始图元动态

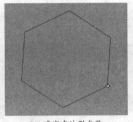

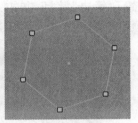

(a)确定中心   (b)确定多边形参数   (c)完成多边形绘制

图 2.1.2.26 绘制多边形

关联。

（1）投影几何图元 可投影其他草图的几何元素、边和回路。

① 执行命令。单击"草图"标签栏"创建"面板上的"投影几何图元"按钮，如图 2.1.2.27（a）所示。

② 选择要投影的轮廓。在视图中选择要投影的面或者轮廓线，如图 2.1.2.27（b）所示。

③ 确定投影实体。退出草图绘制状态，如图 2.1.2.27（c）所示为转换实体引用后的图形。

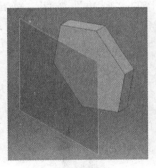

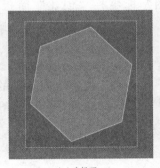

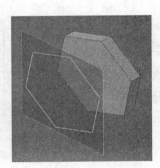

(a)原始图形   (b)选择面   (c)转换实体引用后的图形

图 2.1.2.27 投影几何图元

（2）投影剖切边 可以将这个平面与现有结构的截交线求出来，并投影到当前草图中。

11. 倒角

倒角是指用斜线连接两个不平行的线型对象。

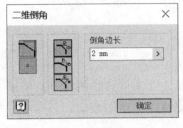

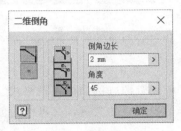

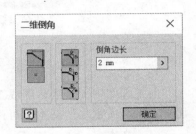

图 2.1.2.28 "二维倒角"对话框   图 2.1.2.29 "等边"倒角方式   图 2.1.2.30 "距离-角度"倒角方式

（1）执行命令 单击"草图"标签栏"创建"面板上的"倒角"按钮，弹出如图 2.1.2.28 所示的"二维倒角"对话框。

（2）设置"等边"倒角方式　在"二维倒角"对话框中，按照如图 2.1.2.29 所示以"等边"选项设置倒角方式，然后选择如图 2.1.2.31（a）所示中的直线 1 和直线 4。

（a）绘制前图形

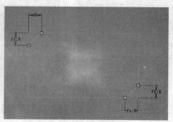
（b）倒角后图形

图 2.1.2.31　倒角绘制

（3）设置"距离-角度"倒角方式　在"二维倒角"对话框中，单击"距离-角度"选项，按照如图 2.1.2.30 所示设置倒角参数，然后选择如图 2.1.2.31（b）所示中的直线 2 和直线 3。

（4）确认倒角　单击"二维倒角"对话框中的"确定"按钮，完成倒角的绘制。

12. 圆角

圆角是指用指定半径决定的一段平滑圆弧连接两个对象。

（1）执行命令　单击"草图"标签栏"创建"面板上的"圆角"按钮，弹出如图 2.1.2.32 所示的"二维圆角"对话框。

图 2.1.2.32　"二维圆角"对话框

（2）设置圆角半径　在"二维圆角"对话框中，输入圆角半径为 2mm。

（3）选择绘制圆角的直线　设置好"二维圆角"对话框，单击鼠标选择如图 2.1.2.33（a）所示的线段。

确认绘制的圆角。关闭"二维圆角"对话框，完成倒角的绘制，如图 2.1.2.33（b）所示。

（a）选择图形

（b）倒角后图形

图 2.1.2.33　圆角绘制

13. 文本

向工程图中的激活草图或工程图资源（例如标题栏格式、自定义图框或略图符号）中添加文本框，所添加的文本既可作为说明性的文字，又可作为创建特征的草图基础。

（1）文本

① 执行命令。单击"草图"标签栏"创建"面板上的"文本"按钮，创建文字。

② 在草图绘制区域内要添加文本的位置单击，弹出"文本格式"对话框，如图 2.1.2.34 所示。

③ 在该对话框中用户可以指定文本的对齐方式、行间距和拉伸的百分比，还可以指定字体、字号等。

④ 在文本框中输入文本，如图 2.1.2.34 所示。

⑤ 单击"确定"按钮完成文本的创建，如图 2.1.2.35 所示。

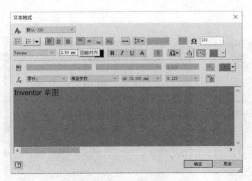

图 2.1.2.34 "文本格式"对话框

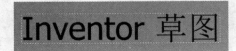

图 2.1.2.35 文本

（2）几何图元文本

① 执行命令。单击"草图"标签栏"创建"面板上的"几何图元文本"按钮。

② 在草图绘制区域内添加文本的曲线，弹出"几何图元文本"对话框，如图 2.1.2.36 所示。

③ 在该对话框中用户可以指定几何图元文本的方向、偏移距离和拉伸幅度，还可以指定字体、字号等。

④ 在文本框中输入文本，如图 2.1.2.36 所示。

⑤ 单击"确定"按钮完成几何图元文本的创建，如图 2.1.2.37 所示。

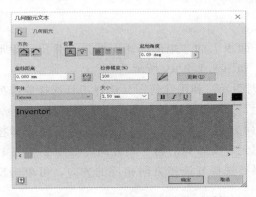

图 2.1.2.36 "几何图元文本"对话框

图 2.1.2.37 几何图元文本

（二）草图工具

1. 镜像

（1）执行命令。单击"草图"标签栏"阵列"面板上的"镜像"按钮，弹出"镜像"对话框，如图 2.1.2.38 所示。

（2）选择镜像图元。单击"镜像"对话框中的"选择"按钮，选择要镜像的几何图元，如图 2.1.2.39（a）

图 2.1.2.38 "镜像"对话框

所示。

　　（3）选择镜像线。单击"镜像"对话框中的"镜像"按钮，选择镜像线，如图2.1.2.39（b）所示。

　　（4）完成镜像。单击"应用"按钮，镜像草图几何图元即被创建，如图2.1.2.39（c）所示。单击"完毕"按钮，退出"镜像"对话框。

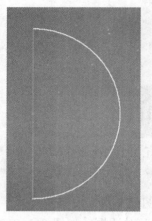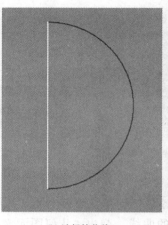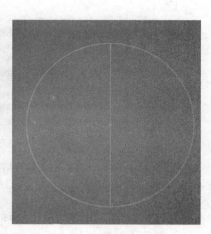

(a) 选择对称几何图形　　　　　　　　(b) 选择镜像线　　　　　　　　　　(c) 完成镜像

图 2.1.2.39　镜像对象

2. 阵列

　　如果要线型阵列或圆周阵列几何图形，就会用到 Inventor 提供的矩形阵列和环形阵列工具。矩形阵列可在两个互相垂直的方向上阵列几何图元；环形阵列则可使得某个几何图元沿着圆周阵列。

　　（1）矩形阵列

　　① 执行命令。单击"草图"标签栏"阵列"面板上的"矩形阵列"按钮，弹出"矩形阵列"对话框，如图2.1.2.40所示。

　　② 选择阵列图元。利用几何图元选择工具选择要阵列的草图几何图元，如图2.1.2.41（a）所示。

　　③ 选择阵列方向1。单击方向1下面的路径选择按钮，选择几何图元定义阵列的第一个方向，如图2.1.2.41（b）所示。如果要选择与选择方向相反的方向，可单击反向按钮。

　　④ 设置参数。在数量框中，指定阵列中元素的数量，在"间距"框中，指定元素之间的间距。

图 2.1.2.40　"矩形阵列"对话框

　　⑤ 选择阵列方向2。进行"方向2"方面的设置，操作与方向1相同，如图2.1.2.41（c）所示。

　　⑥ 完成阵列。单击"确定"按钮以创建阵列，如图2.1.2.41（d）所示。

　　（2）环形阵列

　　① 执行命令。单击"草图"标签栏"阵列"面板上的"环形阵列"按钮，弹出"环形阵列"对话框，如图2.1.2.42所示。

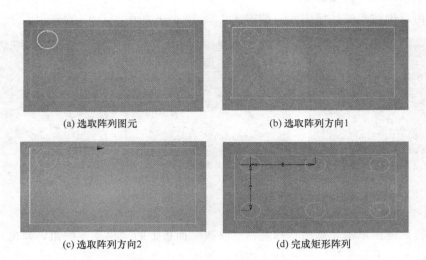

(a) 选取阵列图元　　　　　　　　(b) 选取阵列方向1

(c) 选取阵列方向2　　　　　　　　(d) 完成矩形阵列

图 2.1.2.41　矩形阵列

② 选择阵列图元。利用几何图元选择工具选择要阵列的草图几何图元，如图 2.1.2.43（a）所示。

③ 选择旋转轴。利用旋转轴选择工具，选择旋转轴，如果要选择相反的旋转方向（如顺时针方向变逆时针方向排列）可单击反向按钮，如图 2.1.2.43（b）所示。

图 2.1.2.42　"环形阵列"对话框

④ 设置阵列参数。选择好旋转方向后，再输入要复制的几何图元的个数，以及旋转的角度即可。

⑤ 完成阵列。单击"确定"按钮以创建阵列，如图 2.1.2.43（c）所示。

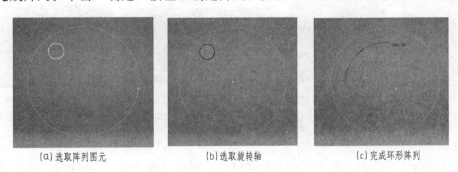

(a)选取阵列图元　　　　　　(b)选取旋转轴　　　　　　(c)完成环形阵列

图 2.1.2.43　环形阵列

3. 偏移

偏移是指复制所选草图几何图元并将其放置在与图元偏移一定距离的位置，在默认情况下，偏移的几何图元与原几何图元有等距离约束。

（1）执行命令。单击"草图"标签栏"修改"面板上的"偏移"按钮，创建偏移图元。

（2）选择图元。在视图中选择要复制的草图几何图元，如图 2.1.2.44（a）所示。

（3）在要放置偏移图元的方向上移动光标，此时可预览偏移生成的图元，如图 2.1.2.44（b）所示。

（4）单击以创建新的几何图元，如图 2.1.2.44（c）所示。

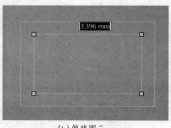

（a）选取要偏移图元　　　　　　　　（b）偏移图元　　　　　　　　（c）完成偏移

图 2.1.2.44　偏移

4. 移动

（1）执行命令。单击"草图"标签栏"修改"面板上的"移动"按钮，弹出"移动"对话框，如图 2.1.2.45 所示。

图 2.1.2.45　"移动"对话框

（2）选择图元。在视图中选择要移动的草图几何图元，如图 2.1.2.46（a）所示。

（3）设置基准点。选取基准点或选中"精确输入"复选框，输入坐标，如图 2.1.2.46（b）所示。

（4）在要放置移动图元的方向上移动光标，此时可预览移动生成的图元，如图 2.1.2.46（c）所示。动态预览将以虚线显示原始几何图元，以实线显示移动几何图元。

（5）单击以创建新的几何图元，如图 2.1.2.46（d）所示。

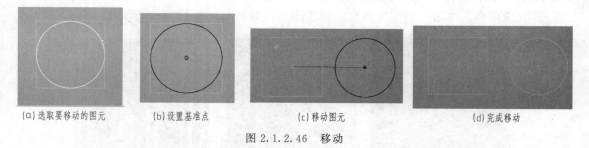

（a）选取要移动的图元　　　　（b）设置基准点　　　　（c）移动图元　　　　（d）完成移动

图 2.1.2.46　移动

5. 复制

（1）执行命令。单击"草图"标签栏"修改"面板上的"复制"按钮，弹出"复制"对话框，如图 2.1.2.47 所示。

（2）选择图元。在视图中选择要复制的草图几何图元，如图 2.1.2.48（a）所示。

（3）设置基准点。选取基准点或选中"精确输入"复选框，输入坐标，如图 2.1.2.48（b）所示。

（4）在要放置移动图元的方向上移动光标，此时可预览移动生成的图元，如图 2.1.2.48（c）所示。动态预览将以虚线显示原始几何图元，以实线

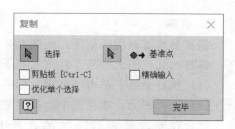

图 2.1.2.47　"复制"对话框

显示复制几何图元。

（5）单击以创建新的几何图元，如图2.1.2.48（d）所示。

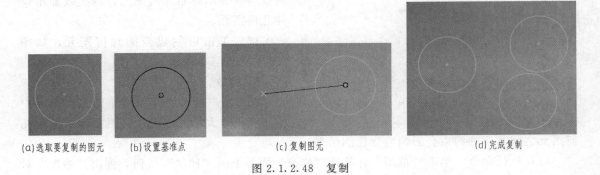

(a)选取要复制的图元 (b)设置基准点 (c)复制图元 (d)完成复制

图2.1.2.48 复制

6. 旋转

（1）执行命令。单击"草图"标签栏"修改"面板上的"旋转"按钮，弹出"旋转"对话框，如图2.1.2.49所示。

（2）选择图元。在视图中选择要旋转的草图几何图元，如图2.1.2.50（a）所示。

（3）设置中心点。选取中心点或选中"精确输入"复选框，输入坐标，如图2.1.2.50（b）所示。

（4）在要旋转的图元的方向上移动光标，此时可预览旋转生成的图元，如图2.1.2.50（c）所示。动态预览将以虚线显示原始几何图元，以实线显示旋转几何图元。

（5）单击以创建新的几何图元，如图2.1.2.50（d）所示。

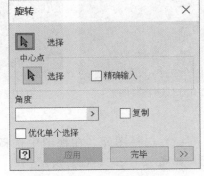

图2.1.2.49 "旋转"对话框

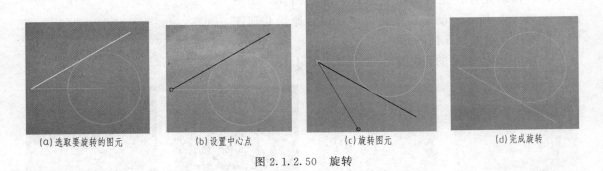

(a)选取要旋转的图元 (b)设置中心点 (c)旋转图元 (d)完成旋转

图2.1.2.50 旋转

7. 拉伸

（1）执行命令。单击"草图"标签栏"修改"面板上的"拉伸"按钮，弹出"拉伸"对话框，如图2.1.2.51所示。

（2）选择图元。在视图中选择要拉伸的草图几何图元，如图2.1.2.52（a）所示。

（3）设置基准点。选取拉伸操作基准点或选中"精确输入"复选框，输入坐标，如图2.1.2.52（b）所示。

图 2.1.2.51　"拉伸"对话框

（4）移动光标，此时可预览拉伸生成的图元，如图 2.1.2.52（c）所示。动态预览将以虚线显示原始几何图元，以实线显示拉伸几何图元。

（5）单击以创建新的几何图元，如图 2.1.2.52（d）所示。

8. 缩放

缩放统一更改选定二维草图几何图元中的所有尺寸大小。选定几何图元和未选定几何图元之间共享的约束会影响缩放比例结果。

（1）执行命令。单击"草图"标签栏"修改"面板上的"比例"按钮，弹出"缩放"对话框，如图 2.1.2.53 所示。

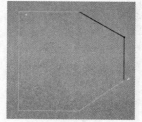

(a)选取要拉伸的图元

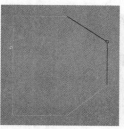

(b)设置基准点

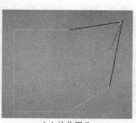

(c)拉伸图元

(d)完成拉伸

图 2.1.2.52　拉伸

（2）选择图元。在视图中选择要缩放的草图几何图元，如图 2.1.2.54（a）所示。

（3）设置基准点。选取基准点或选中"精确输入"复选框，输入坐标，如图 2.1.2.54（b）所示。

（4）移动光标，此时可预览缩放生成的图元，如图 2.1.2.54（c）所示。动态预览将以虚线显示原始几何图元，以实线显示缩放几何图元。

（5）单击以创建新的几何图元，如图 2.1.2.54（d）所示。

图 2.1.2.53　"缩放"对话框

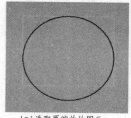

(a)选取要缩放的图元

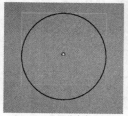

(b)设置基准点

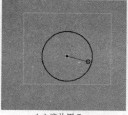

(c)缩放图元

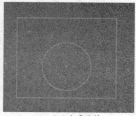

(d)完成缩放

图 2.1.2.54　缩放

9. 延伸

延伸命令用来清理草图或闭合处于开放状态的草图。

（1）执行命令　单击"草图"标签栏"修改"面板上的"延伸"按钮。

（2）选择图元　在视图中选择要延伸的草图几何图元，如图 2.1.2.55（a）所示。

（3）移动光标，此时可预览延伸生成的图元，如图 2.1.2.55（a）所示。动态预览将以虚线显示原始几何图元，以实线显示延伸几何图元。

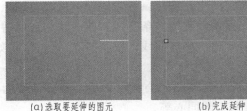

(a)选取要延伸的图元　　　　(b)完成延伸

图 2.1.2.55　延伸

（4）单击以创建新的几何图元，如图 2.1.2.55（b）所示。

10. 修剪

修剪可以将选中曲线修剪到与最近曲线的相交处，该工具可以在二维草图、部件和工程图中使用。在一个具有很多相交曲线的二维环境中，该工具可很好地除去多余的曲线部分，使得图形更加整洁。

（1）修剪单条曲线

① 执行命令。单击"草图"标签栏"修改"面板上的"修剪"按钮。

② 在视图中，在曲线上停留光标以预览修剪，如图 2.1.2.56（a）所示，然后单击曲线完成操作。

③ 继续修剪曲线。

④ 若要退出修剪曲线，按"Esc"键，结果如图 2.1.2.56（b）所示。

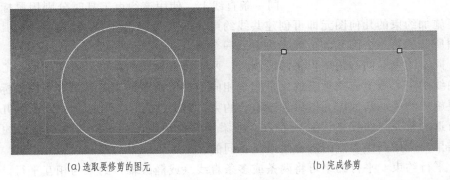

(a)选取要修剪的图元　　　　(b)完成修剪

图 2.1.2.56　修剪单条曲线

（2）框选修剪曲线

① 执行命令。单击"草图"标签栏"修改"面板上的"修剪"按钮。

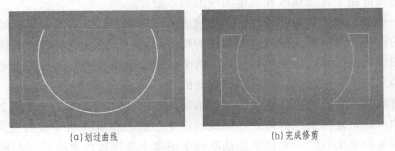

(a)划过曲线　　　　(b)完成修剪

图 2.1.2.57　框选修剪曲线

② 在视图中，按住鼠标左键，然后在草图上移动光标。

③ 光标接触到的多条直线和曲线均将被修剪，如图 2.1.2.57（a）所示。

④ 若要退出修剪曲线，按"Esc"键，结果如图 2.1.2.57（b）所示。

（三）草图几何约束

在草图的几何图元绘制完毕后，往往需要对草图进行约束，如约束两条直线平行或垂直、约束两个圆同心等。

约束的目的就是保持图元之间的某种固定关系，这种关系不受被约束对象的尺寸或位置因素的影响。如在设计开始时要绘制一条直线和一个圆始终相切，如果圆的尺寸或位置在设计过程中发生变化，则这种相切的关系将不会自动维持。但是如果给直线和圆添加了相切约束，则无论圆的尺寸和位置怎么改变，这种相切关系都会始终维持下去。

1. 添加草图几何约束

几何约束位于"草图"标签栏"约束"面板上，如图 2.1.2.58 所示。

图 2.1.2.58 "约束"面板

（1）重合约束　重合约束可将两点约束在一起或将一个点约束到曲线上。当此约束被应用到两个圆、圆弧或椭圆的中心点时，得到的结果与使用同心约束相同。使用时分别用鼠标选取两个或多个要施加约束的几何图元即可创建重合约束，这里的结合图元要求是两个点或一个点和一条线。

（2）共线约束　共线约束使两条直线或椭圆轴位于同一条直线上，使用该约束工具时分别用鼠标选取两个或多个要施加约束的几何图元即可创建共线约束。如果两个几何图元都没有添加其他位置约束，则由所选的第一个图元的位置来决定另一个图元的位置。

（3）同心约束　同心约束可将两段圆弧、两个圆或椭圆约束为具有相同的中心点，其结果与在曲线的中心点上应用重合约束是完全相同的。使用该约束工具时分别用鼠标选取两个或多个要施加约束的几何图元即可创建重合约束。需要注意的是，添加约束后的几何图元的位置由所选的第一条曲线来设置中心点，未添加其他约束的曲线被重置为与已约束曲线同心，其结果与应用到中心点的重合约束是相同的。

（4）平行约束　平行约束可将两条或多条直线（或椭圆轴）约束为相互平行。使用时分别用鼠标选取两个或多个要施加约束的几何图元即可创建平行约束。

（5）垂直约束　垂直约束可使所选的直线、曲线或椭圆轴相互垂直。使用时分别用鼠标选取两个要施加约束的几何图元即可创建平行约束。需要注意的是，要对样条曲线添加垂直约束，约束必须应用于样条曲线和其他曲线的端点处。

（6）水平约束　水平约束使直线、椭圆轴或成对的点平行于草图坐标系的"X"轴，添加了该几何约束后，几何图元的两点，如线的端中心点、终点或点等被约束到与"X"轴相等距离。使用该约束工具时分别用鼠标选取两个或多个要施加约束的几何图元即可创建水平约束，这里的几何图元是直线、椭圆轴或成对的点。

（7）垂直约束　垂直约束使直线、椭圆轴或成对的点平行于草图坐标系的"Y"轴，添加了该几何约束后，几何图元的两点，如线的端中心点、终点或点等被约束到与"Y"轴相等距离。使用该约束工具时分别用鼠标选取两个或多个要施加约束的几何图元即可创建垂直约束，这里的几何图元是直线、椭圆轴或成对的点。

（8）相切约束　相切约束可将两条曲线约束为彼此相切，即使它们并不实际共享一个点（在二维草图中）。相切约束通常用于将圆弧约束到直线，也可使用相切约束指定如何结束与其他几个图元相切的样条曲线。在三维草图中，相切约束可应用到三维草图中的其他几何图元共享端点的三维样条曲线，包括模型边。使用时分别用鼠标选取两个或多个要施加约束的几何图元即可创建垂直约束，这里的几何图元是直线和圆弧、直线和样条曲线或圆弧和样条曲线。

（9）平滑约束　平滑约束可在样条曲线和其他曲线（例如线、圆弧或样条曲线）之间创建曲率连线的曲线。

（10）对称约束　对称约束将使所选直线或曲线相对于所选直线对称。应用这种约束时，约束到所选几个图元的线段也会重新确定方向和大小。使用时分别用鼠标选取两条直线或曲线或圆，然后选择它们的对称直线即可创建对称约束。注意，如果删除对称直线，将随之删除对称约束。

（11）等长约束　等长约束将所选的圆弧和圆调整到具有相同半径，或将所选的直线调整到具有相同的长度，使用时分别用鼠标选取两个或多个要施加约束的几何图元即可创建等长约束，这里的几何图元是直线、圆弧和圆。

（12）固定约束　固定约束可将点和曲线固定到相对于草图坐标系的位置。如果移动或转动草图坐标系，固定曲线或点将随之运动。

2. 显示草图几何约束

（1）显示多个几何约束　在给草图添加几何约束以后，默认情况下这些约束是不显示的，但是用户可自行设定是否显示约束。如果要显示全部约束的话，可在草图绘制区域内单击，在快捷菜单中选择"显示所有约束"选项；相反，如果要隐藏全部的约束，在快捷菜单中选择"隐藏所有约束"选项。

（2）显示单个几何约束　单击"草图"标签栏"约束"面板上的"显示约束"按钮，在草图绘制区域选择某几个几何图元，则该几何图元的约束显示。当鼠标位于某个约束符号的上方时，与该约束有关的几何图元变为红色，以方便用户观察和选择。在显示约束的小窗口右部有一个关闭按钮，单击可关闭该约束窗口。另外，还可用鼠标移动约束显示窗口，用户可把它拖放到任何位置。

（3）删除草图几何约束　在约束符号上右击，在快捷菜单中选择"删除"选项，删除约束。如果多条曲线共享一个点，则每条曲线上都显示一个重合约束。如果在其中一条曲线上删除该约束，此曲线将被移动。其他仍保持约束状态，除非删除所有重合约束。

（四）标注尺寸

给草图添加尺寸标注是草图设计过程中非常重要的一步，草图几何图元需要尺寸信息以保持大小和位置，满足设计意图。一般情况下，Inventor 中的所有尺寸都是参数化的。这意味着用户可通过修改尺寸来更改已进行标注的项目的大小，也可将尺寸指定为计算尺寸，它反映了项目的大小却不能用来修改项目的大小。向草图几何图元添加参数尺寸的过程也是用来控制草图中对象的大小和位置的约束过程。在 Inventor 中，如果对尺寸值进行更改，草图也将自动更新，基于该草图的特征也会自动更新，正所谓"牵一发而动全身"。

1. 自动标注尺寸

在 Inventor 中，可利用自动标注尺寸工具自动快速地给图形添加尺寸标注，该工具可计算所有的草图尺寸，然后自动添加。如果单独选择草图几何图元（例如直线、圆弧、圆和顶点），系统将自动应用尺寸标注和约束。如果不单独选择草图几何图元，系统将自动对所有尺寸快捷地完成草图的尺寸标注。

通过自动标注尺寸，用户可完全标注和约束整个草图；可识别特定曲线或整个草图，以便进行约束；可仅创建尺寸标注或约束，也可同时创建两者；可使用"尺寸"工具来提供关键尺寸，然后使用"自动尺寸和约束"来完成对草图的约束；在复杂的草图中，如果不能确定缺少哪些尺寸，可使用"自动尺寸和约束"工具来完成约束该草图，用户也可删除自动尺寸标注和约束。

（1）单击"草图"标签栏"约束"面板上的"自动尺寸和约束"按钮，打开如图2.1.2.59所示的"自动标注尺寸"对话框。

（2）接受默认设置以添加尺寸和约束或清除复选框以防止应用关联项。

（3）在视图中选择单个的几何图元或选择多个几何图元，也可以按住鼠标左键并拖动，将所需的几何图元包含在选择窗口内，单击完成选择。

（4）在对话框中单击"应用"按钮向所选的几何图元添加尺寸和约束，如图2.1.2.60所示。

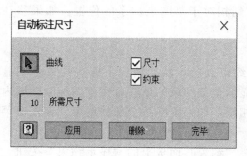

图 2.1.2.59 "自动标注尺寸"对话框

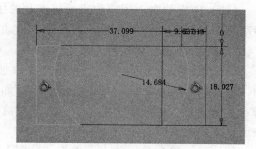

图 2.1.2.60 标注尺寸

2. 手动标注尺寸

虽然自动标注尺寸功能强大，省时省力，但是很多设计人员在实际工作中需要手动标注尺寸。手动标注尺寸的一个优点就是可很好地体现设计思路，设计人员可选择在标注过程中体现重要的尺寸，以便加工人员更好地掌握设计意图。

（1）线性尺寸标注　线性尺寸标注用来标注线段的长度，或标注两个图元之间的线性距离，如点和直线的距离。

① 单击"草图"标签栏"约束"面板上的"尺寸"按钮，然后选择图元即可。

② 要标注一条线段的长度，单击该线段即可。

③ 要标注平行线之间的距离，分别单击两个点或点与线即可。

④ 要标注点到点或点到线的距离，单击两个点或点与线即可。

⑤ 移动鼠标预览标注尺寸的方向，最后单击以完成标注。图2.1.2.61显示了线性尺寸标注的几种样式。

（2）圆弧尺寸标注

① 单击"草图"标签栏"约束"面板上的"尺寸"按钮，然后选择要标注的圆或圆弧，这时会出现标注尺寸的预览。

② 如果当前选择标注半径，那么单击右键，在"打开"菜单中可看到"直径"选项，

选择可标注直径，如图2.1.2.62所示。如果当前选择标注直径，则在"打开"菜单中可看到"半径"选项，用户可以根据自己的需要灵活地在二者之间切换。

③ 单击左键完成标注。

（3）角度标注　角度标注可标注相交线段形成的夹角，也可标注由不共线的3个点之间的角度，还可对圆弧形成的角度进行标注，标注的时候只要选择好形成角的元素即可，如图2.1.2.63所示。

① 如果要标注相交直线的夹角，只要依次选择这两条直线即可。

② 如果要标注不共线的3个点之间的角度，依次选择这3个点即可。

③ 如果要标注圆弧的角度，只要依次选取圆弧的一个端点、圆心和圆弧的另一个端点即可。

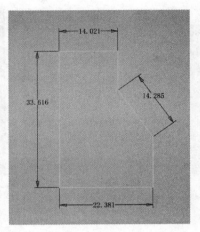

图2.1.2.61　线性尺寸标注样式

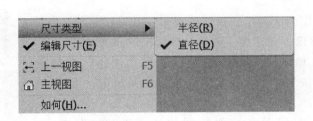

图2.1.2.62　圆弧尺寸标注

图2.1.2.63　角度标注范例

3. 编辑草图尺寸

用户可在任何时候编辑草图尺寸，不管草图是否已经退化。如果草图未退化，它的尺寸是可见的，可直接编辑；如果草图已经退化，用户可在浏览器中选择该草图并激活草图进行编辑。

（1）在草图上右击，在快捷菜单中选择"编辑草图"选项，如图2.1.2.64所示。

（2）进入草图绘制环境。双击要修改的尺寸数值，如图2.1.2.65（a）所示。

（3）打开"编辑尺寸"对话框，直接在数据框里输入新的尺寸数据，如图2.1.2.65（b）所示。也可以在数据框中使用计算表达式，常用的是：＋、－、×、/、（）等，还可以使用一些函数。

（4）在对话框中单击确定按钮接受新的尺寸，如图2.1.2.65（c）所示。

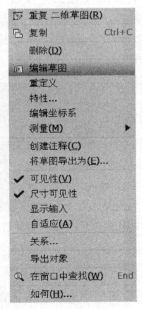

图2.1.2.64　快捷菜单

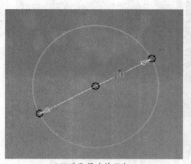
(a) 选取尺寸并双击

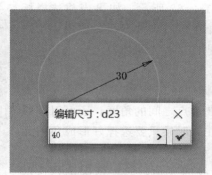
(b) 输入新的尺寸值

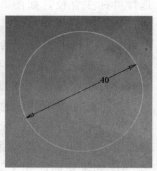
(c) 修改后的图形

图 2.1.2.65　编辑草图尺寸

任务三　草图特征

一、拉伸

（一）拉伸

将一个草图中的一个或多个轮廓沿着草图的法向生长出特征视图，沿生长方向可控制锥角，也可以创建曲面。创建拉伸特征的步骤如下。

图 2.1.3.1　"拉伸"对话框

（1）单击"三维模型"标签栏"创建"面板上的"拉伸"按钮，打开如图 2.1.3.1 所示的"拉伸"对话框。

（2）在视图中选取要拉伸的截面，如图 2.1.3.2 所示。

（3）在对话框或小工具栏中设置拉伸参数，比如输入拉伸距离、调整拉伸方向等，如图 2.1.3.3 所示。

（4）在对话框中单击"确定"按钮，完成拉伸特征的创建，如图 2.1.3.4 所示。

图 2.1.3.2　选取截面

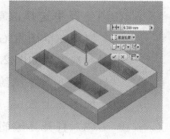
图 2.1.3.3　设置拉伸参数

图 2.1.3.4　完成拉伸特征的创建

（二）"拉伸"对话框

1. 截面轮廓形状

进行拉伸操作的第一个步骤就是利用"拉伸"对话框上的截面轮廓选择工具选择截面轮廓。在选择截面轮廓时，可以选择多种类型的截面轮廓创建拉伸特征。

（1）可选择单个截面轮廓，系统会自动选择该截面轮廓。

（2）可选择多个截面轮廓，如图2.1.3.5所示。

（3）要取消某个截面轮廓的选择，按下"Ctrl"键，然后单击要取消的截面轮廓即可。

（4）可选择嵌套的截面轮廓，如图2.1.3.6所示。

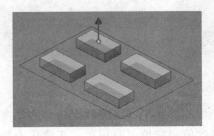

图2.1.3.5　选择多个截面轮廓

图2.1.3.6　选择嵌套的截面轮廓

（5）可选择开放的截面轮廓，该截面轮廓将延伸它的两端直到与下一个平面相交，拉伸操作将填充最接近的面，并填充周围孤岛（如果存在）。这种方式对部件拉伸来说是不可用的，它只能形成拉伸曲面，如图2.1.3.7所示。

2. 输出方式

拉伸操作提供两种输出方式——实体和曲面。选择"实体"可将一个封闭的截面形状拉伸成实体，选择"曲面"可将一个开放的或封闭的曲线形状拉伸成曲面。图2.1.3.8是将封闭曲线和开放曲线拉伸成曲面的示意图。

图2.1.3.7　拉伸形成曲面

图2.1.3.8　将封闭或开放曲线形状拉伸成曲面

3. 布尔操作

布尔操作提供了3种操作方式，即"求并""求差"和"求交"。

（1）求并，将拉伸特征产生的体积添加到另一个特征上去，二者合并为一个整体，如图2.1.3.9（a）所示。

（2）求差，从另一个特征中去除由拉伸特征产生的体积，如图2.1.3.9（b）所示。

（3）求交，将拉伸特征和其他特征的公共体积创建为新特征，未包括在公共体积内的材料被全部去除，如图2.1.3.9（c）所示。

4. 终止方式

终止方式用来确定要把轮廓截面拉伸的距离，也就是说要把截面拉伸到什么范围才停止。用户完全可决定用指定的深度进行拉伸，或使拉伸终止到工作平面、构造曲面或零件面（包括平面、圆柱面、球面或圆环面）。在Inventor中，提供了5种终止方式，即距离、表面或平面、到、介于两面之间、贯通。

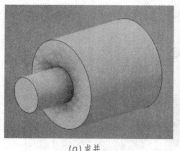

(a)求并　　　　　　　　　(b)求差　　　　　　　　(c)求交

图 2.1.3.9　布尔运算

（1）距离：系统的默认方式，它需要自定起始平面和终止平面之间建立拉伸的深度。在该模式下，需要在拉伸深度文本框中输入具体的深度数值，数值可有正负，正值代表拉伸方向为正方向。方向 1 拉伸、方向 2 拉伸、对称拉伸和不对称拉伸，如图 2.1.3.10 所示。

（2）表面或平面：需要用户选择下一个可能的表面或平面，以指定的方向终止拉伸。可拖动截面轮廓使其反向拉伸到草图平面的另一侧。

（3）到：对于零件拉伸来说，需要选择终止拉伸的面或平面。可在所选面上，或在终止平面延伸的面上终止零件特征。对于部件拉伸，选择终止拉伸的面或平面，可选择位于其他零部件上的面和平面。创建部件拉伸时，所选的面或平面必须位于相同的部件层次，也就是说 A 部件的零件拉伸只能选择 A 部件的子零部件的平面作为参考。选择终止平面后，如果终止选项不明确，可使用"其他"选项卡中的选项指定为特定的方式，例如在圆柱面或不规则曲面上。

（4）介于两面之间：对于零件拉伸来说，需要选择拉伸的起始和终止面或平面；对于部件拉伸来说，选择终止拉伸的面或平面，可选择位于其他零部件上的面和平面，但是所选的面或平面必须位于相同的部件层次。

（5）贯通：可使得拉伸特征在指定方向上贯通所有特征和草图拉伸截面轮廓。可通过拖动截面轮廓的边，将拉伸反向到草图平面的另一端。

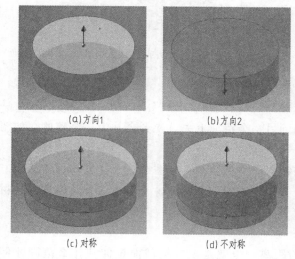

(a)方向1　　　　　　　　(b)方向2

(c)对称　　　　　　　　(d)不对称

图 2.1.3.10　4 种方向的拉伸

5. 匹配形状

如果选择了"匹配形状"选项，将创建填充类型操作。将截面轮廓的开口端延伸到公共边或面，所需的面将被缝合在一起，以形成与拉伸实体的完整相交。如果取消选择"匹配形状"选项，则通过将截面轮廓的开口端之间的间隙，以闭合开放的截面轮廓。按照指定闭合截面轮廓的方式来创建拉伸。

6. 拉伸角度

对于所有终止方式类型，都可为拉伸（垂直于草图平面）设置最大为 180°的拉伸斜角，拉伸斜角在两个方向对等延伸。如果指定了拉伸斜角，图形窗口中会有符号显示拉伸斜角的固定边和方向，如图 2.1.3.11 所示。

　　拉伸斜角功能的一个常用用途就是创建锥形。要在一个方向上使特征变成锥形，在创建拉伸特征时，使用"拉伸角度"工具为特征指定拉伸斜角。在指定拉伸斜角时，正角表示实体沿拉伸矢量增加截面面积，负角相反，如图 2.1.3.12 所示。对于嵌套截面轮廓来说，正角导致外回路增大，内回路减小，负角相反。

图 2.1.3.11　拉伸斜角

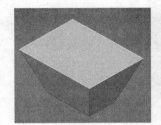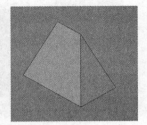

图 2.1.3.12　不同拉伸角度时的拉伸结果

二、旋转

　　将一个封闭的或不封闭的截面轮廓围绕选定的旋转轴来创建旋转特征，如果截面轮廓是封闭的，则创建实体特征；如果是非封闭的，则创建曲面特征。创建旋转特征的步骤如下。

　　（1）单击"三维模型"标签栏"创建"面板上的"旋转"按钮，打开如图 2.1.3.13 所示的"旋转"对话框。

　　（2）在视图中选取要旋转的截面，如图 2.1.3.14 所示。

　　（3）在视图中选取要旋转的轴线，如图 2.1.3.15 所示。

图 2.1.3.13　"旋转"对话框

图 2.1.3.14　选取旋转截面

图 2.1.3.15　选取旋转轴

　　（4）在对话框或小工具栏中设置旋转参数，比如输入旋转角度、调整旋转方向等，如图 2.1.3.16 所示。

　　（5）在对话框中单击"确定"按钮，完成旋转特征的创建，如图 2.1.3.17 所示。

　　可以看到很多造型因素和拉伸特征的造型因素相似，所以这里不花太多笔墨详述，仅就其中的不同项进行介绍。旋转轴可以是已经存在的直线，也可以是工作轴或构造线。旋转特征的终止方式可以是整周或角度，如果选择角度的话，用户需要自己输入旋转的角度值，还可单击方向箭头以选择旋转方向，或在两个方向上等分输入旋转角度。

三、扫掠

（一）扫掠

　　在实际操作中，常常需要创建一些沿着一个不规则轨迹有着相同截面形状的对象，如管

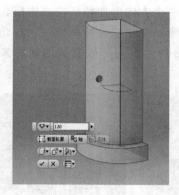

图 2.1.3.16　设置旋转参数

图 2.1.3.17　完成旋转

道和管路设计、把手、衬垫凹槽等。Inventor 提供了一个"扫掠"工具用来完成此类特征的创建，它通过沿一条平面路径移动草图截面轮廓来创建一个特征。如果截面轮廓是曲线，则创建曲面，如果是闭合曲面，则创建实体。

创建扫掠特征最重要的两个要素就是截面轮廓和扫掠路径。

截面轮廓可以是封闭的或非封闭的曲线，截面轮廓可嵌套，但不能相交，如果选择多个界面轮廓，可按下"Ctrl"键，然后继续选择即可。

扫掠路径可以是开放的曲线或闭合的回路，截面轮廓在扫掠路径的所有位置都与扫掠路径保持垂直，扫掠路径的起点必须放置在截面轮廓和扫掠路径所在平面的相交处。扫掠路径草图必须在与扫掠截面轮廓平面相交的平面上。

创建扫掠特征的步骤如下。

（1）单击"三维模型"标签栏"创建"面板上的"扫掠"按钮，打开如图 2.1.3.18 所示的"扫掠"对话框。

（2）在视图中选取扫掠截面，如图 2.1.3.19 所示。

（3）在视图中选取扫掠路径，如图 2.1.3.20 所示。

（4）在对话框中设置扫掠参数，比如扫掠类型、扫掠方向等。

（5）在对话框中单击"确定"按钮，完成扫掠特征的创建，如图 2.1.3.21 所示。

图 2.1.3.18　"扫掠"对话框

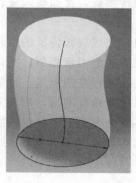

图 2.1.3.19　选取截面

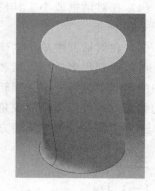

图 2.1.3.20　选取路径

图 2.1.3.21　完成扫掠

（二）"扫掠"对话框

1. 扫掠类型

在"类型"选项中可以选择路径、路径和引导轨道以及路径和引导曲面。

（1）路径：通过沿路径扫掠截面轮廓来创建扫掠特征。

（2）路径和引导轨道：通过沿路径扫掠截面轮廓来创建扫掠特征。引导轨道选择可以控制扫掠截面轮廓的比例和扭曲的引导曲线或轨道。引导轨道必须穿透截面轮廓平面。

（3）路径和引导曲面：通过沿路径和引导曲面扫掠截面轮廓来创建扫掠特征。引导曲面可以控制扫掠截面轮廓的扭曲。引导曲面选择一个曲面，该曲面的法向可以控制绕路径扫掠截面轮廓的扭曲。要获得最佳结果，路径应该位于引导曲面上或附近。

2. 方向选项

"方向"选项有两种方式可以选择，分别是"路径"和"平行"。

（1）路径：保持该扫掠截面轮廓相对于路径不变。所有扫掠截面都维持与该路径相关的原始截面轮廓。

（2）平行：将使扫掠截面轮廓平行于原始截面轮廓。

3. 锥度

在"扩张角"文本框中还可以设置扫掠斜角。扫掠斜角是扫掠垂直于草图平面的斜角。如果指定了扫掠斜角，将有一个符号显示扫掠斜角的固定边和方向，它对于闭合的扫掠路径不可用。角度可正可负，正的扫掠斜角使扫掠特征沿离开起点方向的截面面积增大，负的扫掠斜角使扫掠特征沿离开起点方向的截面面积减小。对于嵌套截面轮廓来说，扫掠斜角的符号（正或负）应用在嵌套几面轮廓的外环，内环为相反的符号。图 2.1.3.22 所示为扫掠斜角为 0° 和 1° 时的区别。

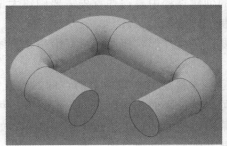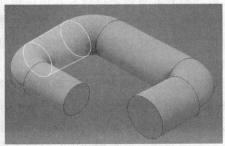

图 2.1.3.22　不同扫掠角下的扫掠结果

4. 优化单个选择

勾选"优化单个选择"复选框，进行单个选择后，即自动前进到下一个选择器。进行多项选择时清除该复选框。

四、放样

（一）放样

放样特征是用两个以上的截面草图为基础，添加"轨道""中心轨道"或"区域放样"等构成要素作为辅助约束而成的复杂几何结构，它常用来创建一些具有复杂形状的零件如塑料模型或铸造模型的表面。

创建放样特征的步骤如下。

（1）单击"三维模型"标签栏"创建"面板上的"放样"按钮，打开如图 2.1.3.23 所示的"放样"对话框。

（2）在视图中选取放样截面，如图 2.1.3.24 所示。

（3）在对话框中设置放样参数，比如放样类型等。

（4）在对话框中单击"确定"按钮，完成放样特征的创建，如图 2.1.3.25 所示。

图 2.1.3.23　"放样"对话框

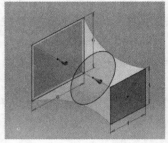

图 2.1.3.24　选取截面

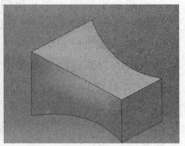

图 2.1.3.25　完成放样

（二）"放样"对话框

1. 截面形状

放样特征通过将多个截面轮廓与单独的平面、非平面或工作平面上的各种形状相混合来创建复杂的形状，因此截面形状的创建是放样特征的基础也是关键要素。

（1）如果截面形状是非封闭的曲线，或是零件面的闭合面回路，则放样生成曲面特征。

（2）如果截面形状是封闭的曲线，或是零件面的闭合面回路，或是一组连续的模型边，则可生成实体特征也可生成曲面特征。

（3）截面形状在草图上创建，在放样特征的创建过程中，往往首先需要创建大量的工作平面以在对应的位置创建草图，再在草图上绘制放样截面形状。

（4）用户可创建任意多个截面轮廓，但是要避免放样形状扭曲，最好沿一条直线向量在每个截面轮廓上映射点。

（5）可通过添加轨道进一步控制形状，轨道是连接至每个截面上的点的二维或三维线。起始和终止截面轮廓可以是特征上的平面，并可与特征平面相切以获得平滑过渡。可使用现有面作为放样的起始和终止面，在该面上创建草图以使面的边可被选中用于放样。如果使用平面或非平面的回路，可直接选中它，而不需要在该面上创建草图。

2. 轨道

为了加强对放样形状的控制，引入了"轨道"的概念。轨道是在截面之上或之外终止的二维或三维直线、圆弧或样条曲线，如二维或三维草图中开放或闭合的曲线，以及一组连续的模型边等，都可作为轨道。轨道必须与每个截面都相交，并且都应该是平滑的，在方向上没有突变。创建放样时，如果轨道延伸到截面之外，则将忽略延伸到截面之外的那一部分轨道。轨道可影响整个放样实体，而不仅仅是与它相交的面或截面。如果没有指定轨道，对齐的截面和仅具有两个截面的放样将用直线连接。未定义轨道的截面顶点受相邻轨道的影响。

3. 输出类型和布尔操作

放样的输出可选择是实体还是曲面，可通过"输出"选项上的"实体"按钮和"曲面"按钮来实现。还可利用放样来实现 3 种布尔操作，即"求并""求差"和"求交"。前面已经有过相关讲述，这里不再赘述。

4. 条件

单击"放样"面板的"条件"选项卡，如图2.1.3.26所示。"条件"选项卡用来指定终止截面轮廓的边界条件，以控制放样体末端的形状。可对每一个草图几何图元分别设置边界条件。

放样有3种边界条件，即无边界条件、相切条件和方向条件。

（1）无边界条件：对其末端形状不加以干涉。

（2）相切条件：仅当所选的草图与侧面的曲面或实体相毗邻，或选中面回路时可用，这时放样的末端与相毗邻的曲面或实体表面相切。

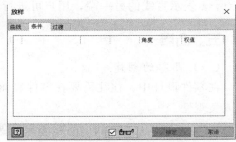

图2.1.3.26　"条件"选项卡

（3）方向条件：仅当曲面是二维草图时可用，需要用户指定放样特征的末端形状相对于截面轮廓平面的角度。

当选择"相切条件"和"方向条件"选项时，需要指定"角度"和"线宽"条件。

（1）角度：指定草图平面和由草图平面上的放样创建的面之间的角度。

（2）线宽：决定角度如何影响放样外观的无量纲值。大数值创建逐渐过渡，而小数值创建突然过渡。从图2.1.3.27中可看出，线宽为零意味着没有相切，小线宽可能从第一个截面轮廓到放样曲面的不连续过渡，大线宽可能导致从第一个截面轮廓到放样曲面的光滑过渡。需要注意的是，特别大的权值会导致放样曲面的扭曲，并且可能会生成自交的曲面。此时应该在每个截面轮廓的截面上设置工作点并构造轨道（穿过工作点的二维或三维线），以使形状扭曲最小化。

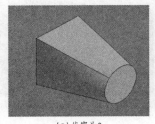
（a）线宽为0

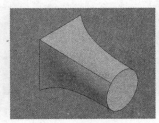
（b）线宽为2

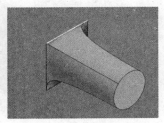
（c）线宽为3

图2.1.3.27　不同线宽下的放样

5. 过渡

单击"放样"面板的"过渡"选项卡，如图2.1.3.28所示。

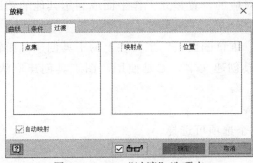

图2.1.3.28　"过渡"选项卡

"过渡"特征定义一个截面的各段如何映射到其前后截面的各段中，可看到默认的选项"自动映射"。如果关闭自动映射，将列出自动计算的点集并根据需要添加或删除点。

（1）点集：表示在每个放样截面上列出自动计算的点。

（2）映射点：表示在草图上列出自动计算的点，以便沿着这些点线性对齐截面轮廓，使放样特征的扭曲最小化。点按照选择截面轮廓的顺序列出。

（3）位置：用无量纲值指定相对于所选点的位置。0表示直线的一端，0.5表示直线的中点，1表示直线的另一端，用户可进行修改。

五、凸雕

（一）凸雕的创建

在零件设计中，往往需要在零件表面增添一些凸起或凹陷的图案或文字，以实现某种功能或美观性。

在Inventor中，可利用凸雕工具来实现这种设计功能。进行凸雕的基本思路是首先建立草图，因为凸雕也是基于草图的特征，然后在草图上绘制用来形成特征的草图几何图元或草图文本。通过在指定的面上进行特征的生成，或将特征缠绕或投影到其他面上。

创建凸雕特征的步骤如下。

（1）单击"三维模型"标签栏"创建"面板上的"凸雕"按钮，打开如图2.1.3.29所示的"凸雕"对话框。

（2）在视图中选取截面轮廓。

（3）在对话框设置凸雕参数，比如选择凸雕类型、输入凸雕深度、调整凸雕方向等，如图2.1.3.30所示。

（4）在对话框中单击"确定"按钮，完成凸雕特征的创建，如图2.1.3.31所示。

 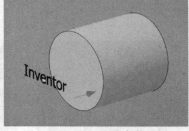 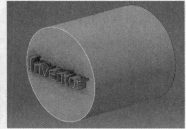

图2.1.3.29 "凸雕"对话框　　　图2.1.3.30 凸雕参数设置　　　图2.1.3.31 完成凸雕

（二）"凸雕"对话框

1. 截面轮廓

在创建截面轮廓以前，首先应该选择创建凸雕特征的面。

（1）如果是在平面上创建，则可直接在该平面上创建草图绘制截面轮廓。

（2）如果在曲面上创建凸雕特征，则应该在对应的位置建立工作平面或利用其他的辅助平面，然后在工作平面上建立草图。

草图中的截面轮廓用作凸雕图像，可使用"二维草图面板"工具栏上的工具创建截面轮廓。截面轮廓主要有两种，一是使用"文本"工具创建文本，二是使用草图工具创建形状，如圆形、多边形等。

2. 类型

"类型"选项指定凸雕区域的方向，有以下3个选项可选择。

（1）从面凸雕：将升高截面轮廓区域，也就是说截面将凸雕。

（2）从面凹雕：将凹进截面轮廓区域，也就是说截面将凹雕。

（3）从平面凸雕/凹雕：将从草图向两个方向或一个方向拉伸，向模型中添加并从中去除材料。如果凸雕或凹雕对零件的外形没有任何改变，那么该特征将无法生成，系统也会给出错误信息。

3．深度和方向

可指定凸雕或凹雕的深度，即凸雕或凹雕截面轮廓的偏移深度，还可指定凸雕或凹雕特征的方向。当截面轮廓位于从模型面偏移的工作平面上时尤其有用，因为如果截面轮廓位于偏移的平面上时，如果深度不合适，是不能够生成凹雕特征的，因为截面轮廓不能够延伸到零件的表面形成切割。

4．顶面颜色

通过单击"顶面颜色"按钮指定凸雕区域面（注意不是其边）上的颜色。在打开的"颜色"对话框中，单击向下箭头显示一个列表，在列表中滚动或键入开头的字母以查找所需的颜色。

5．折叠到面

对于"从面凸雕"和"从面凹雕"类型，用户可通过选中"折叠到面"复选框指定截面轮廓缠绕在曲面上。注意仅限于单个面，不能是接缝面。面只能是平面或圆锥形面，而不能是样条曲线。如果不选中该复选框，图像将投影到面而不是折叠到面。如果截面轮廓相对曲率有些大，当凸雕或凹雕区域向曲面投影时会轻微失真。遇到垂直面时，缠绕即停止。

6．锥度

对于"从平面凸雕/凹雕"类型，可指定扫掠斜角。指向模型面的角度为正，允许从模型中去除一部分材料。

六、加强筋

（一）加强筋的创建

在模型和铸件的制造过程中，常常为零件增加加强筋和肋板（也称隔板或腹板），以提高零件强度。

加强筋和肋板也是基于草图的特征，在草图中完成的工作就是绘制二者的截面轮廓，可创建一个封闭的截面轮廓作为加强筋的轮廓，一个开放的截面轮廓作为肋板的轮廓，也可创建多个相交或不相交的截面轮廓定义网状加强筋和肋板。

创建加强筋特征的步骤如下。

（1）单击"三维模型"标签栏"创建"面板上的"加强筋"按钮，打开如图 2.1.3.32 所示的"加强筋"对话框，选择加强筋类型。

（2）在视图中选取截面轮廓，如图 2.1.3.33（a）所示。

（3）在对话框中设置加强筋参数，比如输入加强筋厚度、调整拉伸方向等。

（4）在对话框中单击"确定"按钮，完成加强筋特征的创建，如图 2.1.3.33（b）所示。

图 2.1.3.32　"加强筋"对话框

（二）"加强筋"对话框

（1）垂直于草图平面：垂直于草图平面拉伸几何图元，厚度平行于草图平面。

（2）平行于草图平面：平行于草图平面拉伸几何图元，厚度垂直于草图平面。

（3）到表面或平面：加强筋终止于下一个面。

（4）有限的：需要设置终止加强筋的距离，这时可在弹出的文本框中输入一个数值，结果如图 2.1.3.33（c）所示。

（5）延伸截面轮廓：选中此复选框，则截面轮廓会自动延伸到与零件相交的位置。

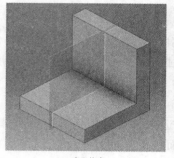

（a）选取轮廓　　　　　　　（b）完成加强筋特征创建　　　　　　　（c）有限的

图 2.1.3.33　加强筋创建

任务四　放置特征

一、圆角

（一）边圆角

1. 边圆角

以现有特征实体或曲面相交的棱边为基础创建圆角，可以创建定半径圆角、变半径圆角和过渡圆角。

可在零件的一条或多条边上添加内圆角或外圆角。在一次操作中，用户可以创建等半径和变半径圆角、不同大小的圆角和具有不同连续性（相切或平滑）的圆角。在同一次操作中创建的不同大小的所有圆角将成为单个特征。

边圆角特征的创建步骤如下。

图 2.1.4.1　"圆角"对话框

（1）单击"三维模型"标签栏"修改"面板上的"圆角"按钮，打开"圆角"对话框，选择"边圆角"类型，如图 2.1.4.1 所示。

（2）选择要倒圆角的边，并输入圆角半径，如图 2.1.4.2 所示。

（3）在对话框中设置其他参数，单击"确定"按钮，完成边圆角的创建，如图 2.1.4.3 所示。

"边圆角"类型选项说明如下。

定半径圆角：等半径圆角特征由 3 个

部分组成，即边、半径和模式。首先要选择产生圆角半径的边，然后指定圆角的半径，再选择一种圆角模式即可。

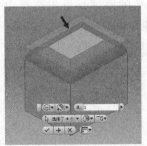

图 2.1.4.2　设置参数

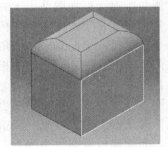

图 2.1.4.3　完成边圆角

① 选择模式

a. 边：只对选中的边创建圆角，如图 2.1.4.4（a）所示。

b. 回路：可选中一个回路，这个回路的整个边线都会创建圆角特征，如图 2.1.4.4（b）所示。

c. 特征：选择因某个特征与其他面相交所导致的边以外的所有边都会创建圆角，如图 2.1.4.4（c）所示。

② 所有圆角：选择此复选框，所有的凹边和拐角都将创建圆角特征。

③ 所有圆边：选择此复选框，所有的凸边和拐角都将创建圆角特征。

④ 沿尖锐边圆滑：设置当指定圆角半径会使相邻面延伸时，对圆角的解决方法。选中复选框可在需要时改变指定的半径，以保持相邻面的边不延伸。清除该复选框，保持等半径，并且在需要时延伸相邻的面。

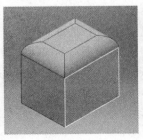

(a)边模式

(b)回路模式

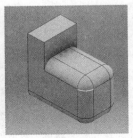

(c)特征模式

图 2.1.4.4　不同线宽下的放样

⑤ 在可能的位置使用圆面连接：设置圆角的拐角样式，选中该复选框可创建一个圆角，它就像一个球沿着边和拐角滚动的轨迹一样。清除该复选框，在锐利拐角的圆角之间创建连续相切的过渡，如图 2.1.4.5 所示。

⑥ 自动链选边：设置边的选择配置。勾选该复选框，在选择一条边以添加圆角时，自动选择所有与之相切的边；清除该复选框，只选择指定的边。

⑦ 保留多有特征：勾选此复选框，所有与圆角相交的特征都被选中，并且

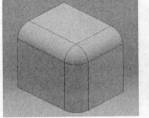

图 2.1.4.5　圆角的拐角样式

在圆角操作中将计算它们的交线。如果清除了该复选框，在圆角操作中只计算操作的边。

变半径圆角。如果要创建变半径圆角，可选择"圆角"对话框上的"变半径"选项卡，此时的"圆角"对话框如图 2.1.4.6 所示。创建变半径圆角的原理是首先选择边线上至少 3 个点，分别指定这几个点的圆角半径，则 Inventor 会自动根据指定的半径创建变半径圆角。

平滑半径过渡：定义变半径圆角在控制点之间是如何创建的，选中该复选框可使圆角在控制点之间逐渐混合过渡，过渡是相切的（在点之间不存在跃变）。清除该复选框，在点之间用线性过渡来创建圆角。

过渡圆角。过渡圆角是指相交边上的圆角连续地相切过渡，要创建变半径的圆角，可选择"圆角"对话框上的"过渡"选项卡，此时"圆角"对话框如图 2.1.4.7 所示。首先选择一个或更多要创建过渡圆角边的顶点，然后再依次选择边即可，此时会出现圆角的预览，修改左侧窗口内的每一条边的过渡尺寸，最后单击"确定"按钮即可完成过渡圆角的创建。

图 2.1.4.6 "变半径"选项卡

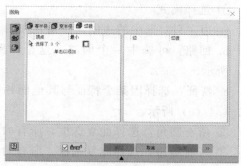

图 2.1.4.7 "过渡"选项卡

图 2.1.4.8 "圆角"对话框

（二）面圆角

面圆角在不需要共享边的两个多选面集之间添加内圆角或外圆角。

面圆角特征的创建步骤如下。

（1）单击"三维模型"标签栏"修改"面板上的"圆角"按钮，打开"圆角"对话框，选择"面圆角"类型，如图 2.1.4.8 所示。

（2）选择要倒圆角的面，并输入圆角半径，如图 2.1.4.9 所示。

（3）在对话框中设置其他参数，单击"确定"按钮，完成面圆角的创建，如图 2.1.4.10 所示。

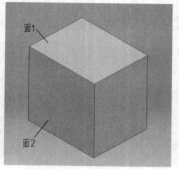

图 2.1.4.9　设置参数

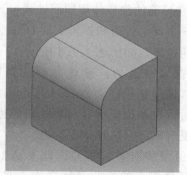

图 2.1.4.10　完成面圆角

"面圆角"类型选项说明如下。

面集 1：选中指定包括在要创建圆角的第一个面集中的模型或曲面实体的一个或多个相切、相邻面。若要添加面，请单击"选择"工具，然后单击图形窗口中的面。

面集 2：选中指定要创建圆角的第二个面集中的模型或曲面实体的一个或多个相切、相邻面。若要添加面，请单击"选择"工具，然后单击图形窗口中的面。

反向：指反转选择曲面时在其上创建的圆角的一侧。

包括相切面：设置面圆角的面选择配置。勾选该复选框以允许圆角在相切、相邻面上自动继续。清除该复选框以仅在两个选择的面之间创建圆角。此选项不会从选择集中添加或删除面。

多项选择时，清除该复选框。要进行多项选择，可单击对话框中的下一个"选择"按钮或权责快捷键菜单中的"继续"命令以完成特定选择。

半径：指定所选面集的圆角半径。要改变半径，请单击该半径值，然后输入新的半径值。

（三）全圆角

全圆角添加与 3 个相邻面相切的边半径圆角或外圆角，中心面集由变半径圆角取代。全圆角可用于带帽或圆化外部零件特征。

全圆角特征的创建步骤如下。

（1）单击"三维模型"标签栏"修改"面板上的"圆角"按钮，打开"圆角"对话框，选择"全圆角"类型，如图 2.1.4.11 所示。

（2）选择要倒圆角的面，并输入圆角半径，如图 2.1.4.12 所示。

（3）在对话框中设置其他参数，单击"确定"按钮，完成全圆角的创建，如图 2.1.4.13 所示。

图 2.1.4.11 "圆角"对话框

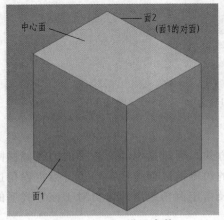

图 2.1.4.12 设置参数

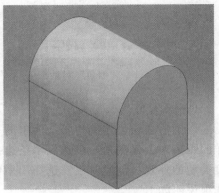

图 2.1.4.13 完成全圆角

"全圆角"类型选项说明如下。

侧面集 1：选中指定与中心面集相邻的模型或曲面实体的一个或多个相切、相邻面。若要添加面，请单击"选择"工具，然后单击图形窗口中的面。

中心面集：选中指定使用圆角替换的模型或曲面实体的一个或多个相切、相邻面。若要添加面，请单击"选择"工具，然后单击图形窗口中的面。

侧面集 2：选中指定与中心面集相邻的模型或曲面实体的一个或多个相切、相邻面。若要添加面，请单击"选择"工具，然后单击图形窗口中的面。

包括相切面：设置面圆角的面选择配置。勾选该复选框以允许圆角在相切、相邻面上自动继续。清除该复选框以仅在两个选择的面之间创建圆角。此选项不会从选择集中添加或删除面。

优化单个选择：进行单个选择后，即自动前进到下一个"选择"按钮。对每个面集进行多项选择时，清除该复选框。要进行多项选择，可单击对话框中的下一个"选择"按钮或权责快捷键菜单中的"继续"命令以完成特定选择。

二、倒角

倒角可在零件和部件环境中使零件的边产生斜角。与圆角相似，倒角不要求有草图，也不要求被约束到要放置的边上。

倒角特征的创建步骤如下。

（1）单击"三维模型"标签栏"修改"面板上的"倒角"按钮，打开"倒角"对话框，选择倒角类型，如图 2.1.4.14 所示。

（2）选择要倒角的边，并输入倒角半径，如图 2.1.4.15 所示。

（3）在对话框中设置其他参数，单击"确定"按钮，完成面倒角的创建，如图 2.1.4.16 所示。

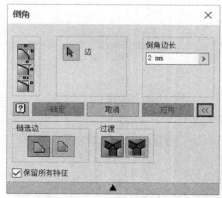
图 2.1.4.14 "倒角"对话框

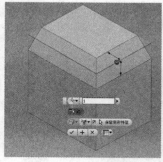
图 2.1.4.15 设置参数

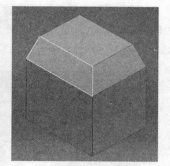
图 2.1.4.16 倒角

（一）倒角边长

以倒角边长创建倒角是最简单的一种创建倒角的方式，通过指定与所选择的边线偏移同样的距离来创建倒角，可选择单条边、多条边或相连的边界链以创建倒角，还可指定拐角过渡类型的外观。创建时仅需选择用来创建倒角的边以及指定倒角距离即可。对于该方式下的选项说明如下。

1. 链选边

（1）所有相切连接边：在倒角中一次可选择所有相切边。

（2）独立边：一次只选择一条边。

2. 过渡类型

可在选择了3个或多个相交边创建倒角时应用，以确定倒角的形状。

（1）过渡：在各边交汇处创建交叉平面而不是拐角，如图2.1.4.17（a）所示。

（2）无过渡：倒角的外观好像通过铣去每个边而形成的尖角，如图2.1.4.17（b）所示。

（二）倒角边长和角度

用倒角边长和角度创建倒角需要指定倒角边长和倒角角度两个参数，选择了该选项后，"倒角"面板如2.1.4.18所示。首先选择创

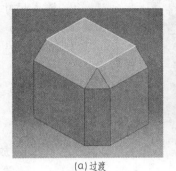 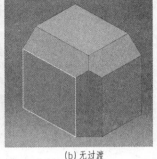

(a)过渡　　　　　　　　　　(b)无过渡

图2.1.4.17　过渡类型

建倒角的边，然后选择一个表面，倒角所成的斜面与该面的夹角就是所指定的倒角角度，倒角距离和倒角角度均可在右侧的"倒角边长"和"角度"文本框输入，然后单击"确定"按钮就可创建倒角特征。

（三）两个倒角边长

用两个倒角边长创建倒角需要指定两个倒角距离来创建倒角。选择了该选项后，"倒角"对话框如图2.1.4.19所示。首先选择倒角的边，然后分别指定两个倒角距离即可。可利用"反向"选项使得模型距离反向，单击"确定"按钮就可完成创建。

 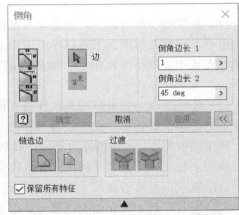

图2.1.4.18　用倒角边长和角度创建倒角　　　　图2.1.4.19　用两个倒角边长创建倒角

三、孔

在Inventor中可利用打孔工具在零件环境、部件环境和焊接环境中创建参数化直孔、沉头孔、锪平或倒角孔特征，还可以自定义螺纹特征和顶角的类型，来满足设计要求。

（一）操作步骤

（1）单击"三维模型"标签栏"修改"面板上的"孔"按钮，打开"孔"对话框，选择"线性"放置方式，如图2.1.4.20所示。

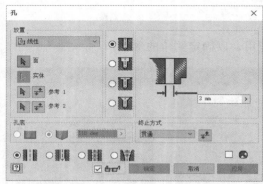

图 2.1.4.20　"孔"对话框

（2）在视图中选择孔放置面，如图 2.1.4.21 所示。

（3）分别选择两条边为线性参考边，并输入尺寸，如图 2.1.4.22 所示。

（4）在对话框中选择孔类型，并输入孔直径，选择孔底类型并输入角度，选择终止方式。

（5）单击"确定"按钮，按指定的参数生成孔，如图 2.1.4.23 所示。

（二）选项说明

1. 放置尺寸

放置尺寸有 4 种方式，即从草图、线性、同心和参考点，可以在"放置"下拉列表框中选项。

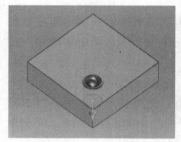

图 2.1.4.21　选择放置面

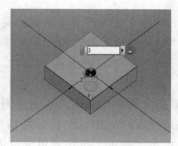

图 2.1.4.22　选择参考边

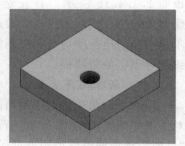

图 2.1.4.23　创建孔

（1）从草图　该方式下，孔是基于草图的特征，要求在现有特征上绘制一个孔中心点，用户也可在现有几何图元上选择端点或中心点来作为孔中心。单击"孔心"按钮选择几何图元的端点或中心点作为孔中心。如果当前草图中只有一个点，则孔中心点将被自动选择为改点。

（2）线性　该方式根据两条线性边在面上创建孔。如果选择了"线性"方式，在"放置尺寸"框中将出现选择"面"以及两个"引用"按钮。单击"面"按钮则选择要放置孔的面。单击"引用 1"按钮选择用于标注孔放置尺寸的第一条线性引用边，单击"引用 2"按钮选择用于标注孔放置尺寸的第二条线性引用边。当选择了两个引用之后，与引用相关的尺寸会自动显示，可单击该尺寸以进行修改。

（3）同心　该方式在面上创建与环形边或圆柱面同心的孔。选择该方式以后，在"放置尺寸"框中将出现选择"面"和"同心引用"的按钮。单击"面"按钮选择要放置孔的面或工作平面。单击"同心"按钮选择孔中心放置所引用的对象，可以是环形边或圆柱面。最后所创建的孔和同心引用对象具有同心约束。

（4）参考点　该方式创建与工作点重合并根据轴、边或工作面进行放置的孔。选择该方式以后，在"放置尺寸"框中出现选择"点"和"方向"的按钮。单击"点"按钮选择要设置为孔中心的工作点。单击"方向"按钮选择孔轴的方向，可选择与孔轴垂直的平面或工作平面，则该平面的法线方向成为孔轴的方向，或选择与孔轴平行的边和轴。单击"反向"按钮可以反转孔的方向。

2. 孔的形状

用户可选择创建 4 种形状的孔，即直孔、沉头孔、沉头平面孔和倒角孔，如图 2.1.4.24 所示。直孔和平面齐平，并且具有指定的直径；沉头孔具有指定的直径、沉头直径和沉头深度；沉头平面孔具有指定的直径、沉头平面直径和沉头平面深度；孔和螺纹深度从沉头平面的底部曲面进行测量；倒角孔具有指定的直径、倒角直径和倒角深度。

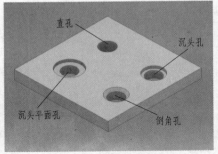

图 2.1.4.24　孔的形状

3. 孔预览区域

在孔的预览区域内可预览孔的形状。需要注意的是孔的尺寸是在预览窗口中进行修改的，双击对话框中孔图像上的尺寸，此时尺寸值变为可编辑状态，然后输入新值即完成修改。

4. 孔底

通过"孔底"选项设定孔的底部形状，有两个选项：平面和角度，如果选择了"角度"选项的话，应设定角度的值。

5. 终止方式

通过"终止方式"框中的选项设置孔的方向和终止方式，单击"终止方式"下拉框中的向下箭头，可看到选项有"距离""贯通"或"到"。其中，"到"方式仅可用于零件特征，在该方式下需指定是在曲面还是在延伸面（仅适用于零件特征）上终止孔。如果选择"距离"或"贯通"选项，则通过方向按钮选择是否反转孔的方向。

6. 孔的类型

用户可选择创建 4 种类型的孔，即简单孔、螺纹孔、配合孔和锥螺纹孔。要为孔设置螺纹特征，可选中"螺纹孔"或"锥螺纹孔"选项，此时出现"螺纹"选项卡，用户可自己指定螺纹类型。

（1）英制螺纹孔对应于"ANSI Unified Screw Threads"选项作为螺纹类型，公制孔则对应于"ANSI Metric M Profile"选项作为螺纹类型。

（2）可设定螺纹的右旋或左旋方向，设置是否为全螺纹，可设定公称尺寸、螺距、系列和直径等。

（3）如果选中"配合孔"选项，创建与所选紧固件配合的孔，此时出现"紧固件"选项卡。可从"标准"下拉列表框中选择紧固件标准，从"紧固件类型"下拉列表框中选择紧固件类型，从"大小"下拉列表框中选择紧固件的大小，从"配合"下拉列表框中设置配合的类型，可选的值为"常规""紧"或"松"。

四、抽壳

抽壳特征是指从零件的内部去除材料，创建一个具有指定厚度的空腔零件。抽壳也是参数化特征，常用于模具和铸造方面的造型。

（一）操作步骤

（1）单击"三维模型"标签栏"修改"面板上的"抽壳"按钮，打开"抽壳"对话框，如图 2.1.4.25 所示。

（2）选择开口面，指定一个或多个要去除的零件面，只保留作为壳壁的面，如果不想选择某个面，可按住"Ctrl"键的同时单击该面即可。

（3）选择好开口面以后，需要指定壳体的壁厚，如图2.1.4.26所示。

（4）单击"确定"按钮完成抽壳特征的创建，如图2.1.4.27所示。

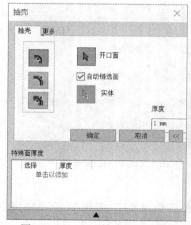
图 2.1.4.25　"抽壳"对话框

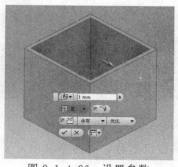
图 2.1.4.26　设置参数

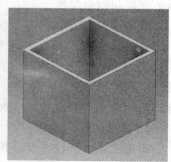
图 2.1.4.27　完成抽壳

（二）选项说明

1. 抽壳方式

（1）向内：向零件内部偏移壳壁，原始零件的外壁成为抽壳的外壁。

（2）向外：向零件外部偏移壳壁，原始零件的外壁成为抽壳的外壁。

（3）双向：向零件内部和外部以相同距离偏移壳壁，每侧偏移厚度是零件厚度的一半。

2. 特征面厚度

用户可忽略默认厚度，而对所选的壁面应用其他厚度。需要指出的是，指定相等的壁厚是一个好的习惯，因为相等的壁厚有助于避免在加工和冷却的过程中出现变形。当然如果情况特殊，可为特定壳壁指定不同的厚度。

（1）选择：显示应用新厚度的所选面数。

（2）厚度：显示和修改为所选面设置的新厚度。

五、螺纹特征

在 Inventor 中，可使用"螺纹"特征工具在孔或诸如轴、螺柱、螺栓等圆柱面上创建螺纹特征。Inventor 的螺纹特征实际上不是真实存在的螺纹，是用贴图的方法实现的效果图。这样可以大大减少系统的计算量，使得特征的创建时间更短，效率更高。

（一）操作步骤

（1）单击"三维模型"标签栏"修改"面板上的"螺纹"按钮，打开"螺纹"对话框，如图2.1.4.28所示。

（2）在视图区中选择一个圆柱/圆锥面放置螺纹，如图2.1.4.29所示。

（3）在对话框中设置螺纹长度，单击"定义"选项卡，更改螺纹类型。

（4）单击"确定"按钮完成螺纹特征的创建，如图2.1.4.30所示。

（二）选项说明

"螺纹"对话框中的选项说明如下。

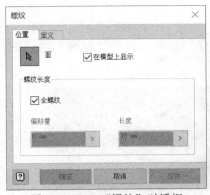

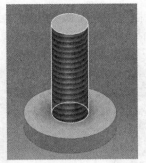

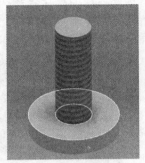

图 2.1.4.28　"螺纹"对话框　　　图 2.1.4.29　选择放置面　　　图 2.1.4.30　创建螺纹

（1）在模型上显示：勾选此复选框，创建的螺纹可在模型上显示出来，否则即使创建了螺纹也不会显示在零件上。

（2）螺纹长度：可指定螺纹是全螺纹，也可指定螺纹相对于螺纹起始面的偏移量和螺纹的长度。

（3）"定义"选项卡，如图 2.1.4.31 所示，可指定螺纹类型、尺寸、规格、类和"右旋"或"左旋"方向。

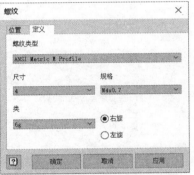

Inventor 使用 Excel 电子表格来管理螺纹和螺纹孔数据。默认情况下，电子表格位于"\ Inventor 安装文件夹 \ Inventor2016 \ Design Data \ 文件夹"中。电子表格中包含了一些常用行业标准的螺纹类型和标准的螺纹孔大小，用户可编辑该电子表格，以便包含更多标准的螺纹大小和螺纹类型，创建自定义螺纹大小及螺纹类型等。

图 2.1.4.31　"定义"选项卡

六、镜像

镜像特征可以以等长距离在平面的另外一侧创建一个或多个特征甚至整个实体的副本。如果零件中有多个相同的特征且在空间的排列上具有一定的对称性，可使用镜像工具以减少工作量，提高工作效率。

（一）镜像特征

镜像特征的操作步骤如下。

（1）单击"三维模型"标签栏"阵列"面板上的"镜像"按钮，打开"镜像"对话框，选择镜像特征，如图 2.1.4.32 所示。

（2）选择一个或多个要镜像的特征，如果所选特征带有从属特征，则它们也将被自动选中，如图 2.1.4.33 所示。

图 2.1.4.32　"镜像"对话框

（3）选择镜像平面，任何直的零件边、平坦零件表面、工作平面或工作轴都可作为用于镜面所选特征的对称平面。

（4）单击"确定"按钮完成镜像特征的创建，如图 2.1.4.34 所示。

（二）镜像实体

镜像实体的操作步骤如下。

（1）单击"三维模型"标签栏"阵列"面板上的"镜像"按钮，打开"镜像"对话框，选择镜像实体，如图2.1.4.35所示。

图2.1.4.33　选取特征和平面

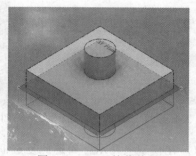

图2.1.4.34　镜像特征

图2.1.4.35　"镜像"对话框

（2）选择一个或多个要镜像的特征，如果所选特征带有从属特征，则它们也将被自动选中，如图2.1.4.36所示。

（3）选择镜像平面，任何直的零件边、平坦零件表面、工作平面或工作轴都可作为用于镜面所选特征的对称平面。

（4）单击"确定"按钮完成实体的镜像创建，如图2.1.4.37所示。

"镜像"对话框中的选项说明如下。

（1）包括定位/曲面特征　选择一个或多个要镜像的定位特征。

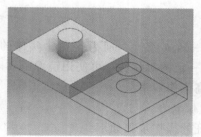

图2.1.4.36　选取实体特征

图2.1.4.37　镜像实体

（2）镜像平面　选中该选项，选择工作平面或平面，所选定位特征将穿过该平面作镜像。

（3）删除原始特征　选中该选项，则删除原始实体，零件文件中仅保留镜像引用。可使用此选项对零件的左旋和右旋版本进行造型。

（4）创建方法

① 优化：选中该选项，则创建的镜像引用原始特征的直接副本。

② 完全相同：选中该选项，则创建完全相同的镜像体，而不管它们是否与另一特征相交。当镜像特征终止在工作平面上时，使用此方法可高效地镜像出大量特征。

③ 调整：选中该选项，用户可根据其中的每个特征分别计算各自的镜像特征。

七、阵列

阵列是指多重复制选择对象，并把这些副本按矩形或环形排列。

（一）矩形阵列

矩形阵列是指复制一个或多个特征的副本，并且在矩形中或沿着指定的线性路径排列所得到的引用特征。线性路径可以是直线、圆弧、样条曲线或修剪的椭圆。

矩形阵列步骤如下。

（1）单击"三维模型"标签栏"阵列"面板上的"矩形阵列"按钮，打开"矩形阵列"对话框，如图2.1.4.38所示。

（2）选择要阵列的特征或实体。

（3）选择阵列的两个方向。

（4）为在该方向上复制的特征指定副本的个数，以及副本之间的距离。副本之间的距离可用3种方法来定义，即间距、距离和曲线长度。

（5）在"方向"框中，选择"完全相同"选项，用第一个所选特征的放置方式放置所有特征，或选择"方向1"或"方向2"选项，指定控制阵列特征旋转的路径，如图2.1.4.39所示。

（6）单击"确定"按钮完成特征的创建，如图2.1.4.40所示。

图2.1.4.38 "矩形阵列"对话框

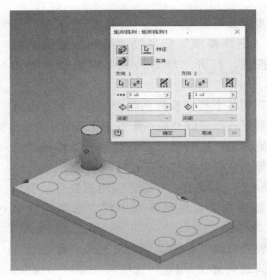

图2.1.4.39 设置参数

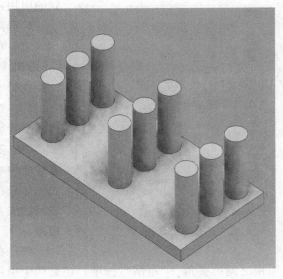

图2.1.4.40 矩形阵列

"矩形阵列"对话框中的选项说明如下。

（1）选择阵列各个特征/阵列整个实体 如果要阵列各个特征，可选择要阵列的一个或多个特征，对于精加工特征（例如圆角和倒角），仅当选择了它们的父特征时才能包含在阵列中。

（2）选择方向　选择阵列的两个方向，用路径选择工具来选择线性路径以指定阵列的方向，路径可是二维或三维直线、圆弧、样条曲线、修剪的椭圆或边，可是开放回路，也可是闭合回路。"反向"按钮用来使得阵列方向反向。

（3）设置参数

① 间距：指定每个特征副本之间的距离。

② 距离：指定特征副本的总距离。

③ 曲线长度：指定在指定长度的曲线上平均排列特征的副本，两个方向上的设置是完全相同的。对于任何一个方向，"起始位置"选项选择路径上的一点以指定一列或两列的起点。如果路径是封闭回路，则必须指定起点。

（4）计算

① 优化：创建一个副本并重新生成面，而不是重生成特征。

② 完全相同：创建完全相同的特征，而不管终止方式。

③ 调整：使特征在遇到面时终止。需要注意的是，用"完全相同"方法创建的阵列比用"调整"方法创建的阵列计算速度快。如果使用"调整"方法，则阵列特征会在遇到平面时终止，所以可能会得到一个其大小和形状与原始特征不同的特征。

（5）方向

① 完全相同：用第一个所选特征的放置方式放置所有特征。

② "方向1"／"方向2"：指定控制阵列特征旋转的路径。

（二）环形阵列

环形阵列是指复制一个或多个特征，然后在圆弧或圆中按照指定的数量和间距排列所得到的引用特征。

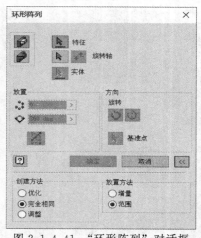

图 2.1.4.41 "环形阵列"对话框

环形阵列步骤如下。

（1）单击"三维模型"标签栏"阵列"面板上的"环形阵列"按钮，打开"环形阵列"对话框，如图 2.1.4.41 所示。

（2）选择阵列各个特征或阵列整个实体。如果要阵列各个特征，则可选择要阵列的一个或多个特征。

（3）选择旋转轴，旋转轴可以是边线、工作轴以及圆柱的中心线等，它可以不和特征在同一平面上。

（4）在"放置"选项中，可指定引用的数目，引用之间的夹角。创建方法与矩形阵列中对应选项的含义相同。

（5）在"放置方法"框中，可定义引用夹角是所有引用之间的夹角（"范围"选项）还是两个引用之间的夹角（"增量"选项），如图 2.1.4.42 所示。

（6）单击"确定"按钮完成特征的创建，如图 2.1.4.43 所示。

"环形阵列"对话框中的选项说明如下。

（1）放置

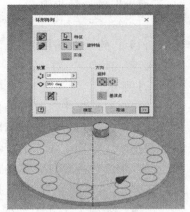

图 2.1.4.42　设置参数

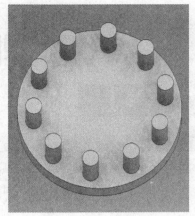

图 2.1.4.43　环形阵列

① 数量：指定阵列中引用的数目。

② 角度：引用之间的角度间距离取决于放置的方法。

③ 中间平面：指定在原始特征的两侧分布特征引用。

（2）放置方法

① 增量：定义特征之间的距离。

② 范围：阵列使用一个角度来定义阵列特征占用的总区域。

任务五　部件装配

一、Inventor 的装配概述

在 Inventor 中，可以将现有的零件或者部件按照一定的装配约束条件装配成一个完整的部件，同时这个部件也可以作为子部件装配到其他的部件中，最后零件和子部件构成一个符合设计构想的整体部件。

按照通常的设计思路，设计者和工程师首先创建布局，然后设计零件，最后把所有零件组装为部件，这种方法称为自下而上的设计方法。使用 Inventor，创建部件时可以在位创建零件或者放置现有零件，从而使设计过程更加简单有效，称为自上而下的设计方法。这种自上而下的设计方法的优点如下。

（1）这种以部件为中心的设计方法支持自上而下、自下而上和混合的设计策略。Inventor 可以在设计过程中的任何环节创建部件，而不是在最后才创建部件。

（2）如果用户在做一个全新的设计方案，可以从一个空的部件开始，然后在具体设计时创建零件。

（3）如果要修改部件，可以在位创建新零件，可使它们与现有零件配合。对外部零部件所做的更改将自动反映到部件模型和用于说明它们的工程图中。

在进行部件装配前首先得进入装配环境，并对装配环境进行配置。

二、零部件基础操作

1. 添加零部件

将已有的零部件装入部件装配环境，是利用已有零部件创建装配体的第一步，体现了

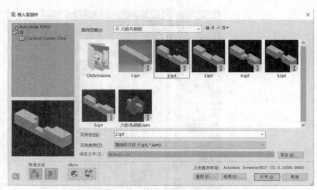

图 2.1.5.1 "装入零部件"对话框

"自下而上"的设计步骤。

（1）单击"装配"标签栏"零部件"面板上的"放置"按钮，打开"装入零部件"对话框，如图 2.1.5.1 所示。

（2）在对话框中选择要装配的零件，然后单击"打开"按钮后将零件放置视图中，如图 2.1.5.2 所示。

（3）继续放置零件，单击鼠标右键，在弹出的快捷菜单中选择"确定"选项，如图 2.1.5.3 所示，完成零件的放置。

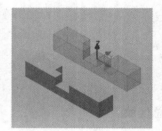

图 2.1.5.2 放置零件

图 2.1.5.3 装入零件

2. 创建零部件

在位创建零部件就是在部件文件环境中创建新零件，新建的零件是一个独立的零件，在位创建零件时需要制定创建零部件的文件名和位置，以及使用的模板等。

创建在位零部件与插入先前创建的零部件文件结果相同，而且可以方便地在零部件面（或部件工作平面）上绘制草图和在特征草图中绘制包含其他零件的几何图元。当创建的零部件约束到部件中的固定几何图元时，可以关联包含于其他零件的几何图元，并把零件指定为自适应以允许新零件改变大小。用户还可以在其他零件的面上开始和终止拉伸特征。默认情况下，这种方法创建的特征是子使用的。另外，还可以在部件中创建草图和特征，但它们不是零件，它们包含在部件文件（.iam）中。

创建在位零部件的步骤如下。

（1）单击"装配"标签栏"零部件"面板上的"创建"按钮，打开"创建在位零部件"对话框，如图 2.1.5.4 所示。

（2）在对话框中设置新零部件的名称及位置，单击"确定"按钮。

（3）在视图或浏览器中选择草图平面创建基础特征。

（4）进入造型环境，创建特征完成零件的位置，单击鼠标右键，在打开的快捷菜单中选择"完成编辑"选项。

图 2.1.5.4 "创建在位零部件"对话框

将草图平面约束到所选面：则在所选零件面和草图平面之间创建配合约束。如果新零部件是部件中的第一个零部件，则该选项不可用。

3. 移动零部件

约束零部件时，可能需要暂时移动或旋转约束的零部件，以便更好地查看其他零部件或定位某个零部件以便放置约束。

移动零部件的步骤如下。

（1）单击"装配"标签栏"位置"面板上的"自由移动"按钮。

（2）在视图中选择零部件，并将其拖动到新位置，释放鼠标放下零部件，如图 2.1.5.5 所示。

（3）确认放置位置后，单击鼠标右键，在弹出的快捷菜单中选择"确定"选项，如图 2.1.5.6 所示，完成零部件的移动。

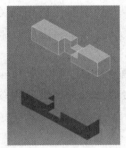

图 2.1.5.5　拖动零件

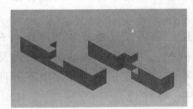

图 2.1.5.6　完成移动

以下准则适用于所移动的零部件。

（1）没有关系的零部件仍保留在新位置，直到将其约束或连接得到另一个零部件。

（2）打开自由度的零部件将调整位置以满足关系。

（3）当更新部件时，零部件将捕捉回由其与其他零部件之间的关系所定义的位置。

4. 旋转零部件

旋转零部件的步骤如下。

（1）单击"装配"标签栏"位置"面板上的"自由旋转"按钮，在视图中选择要旋转的零部件。

（2）显示三维旋转符号，如图 2.1.5.7 所示。

① 要进行自由旋转，请在三维旋转符号内单击鼠标，并拖动到要查看的方向。

② 要围绕水平轴旋转，可以单击三维旋转符号的顶部或底部控制点并竖直拖动。

③ 要围绕竖直轴旋转，可以单击三维旋转符号的左边或右边控制点并水平拖动。

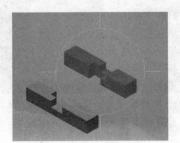

图 2.1.5.7　旋转零件

图 2.1.5.8　完成旋转

④ 要平行于屏幕旋转，可以在三维旋转符号的边缘上移动，直到符号变为圆，然后单击边框并在环形方向拖动。

⑤ 要改变旋转中心，可以在边缘内部或外部单击鼠标以设置新的旋转中心。

（3）拖动零部件到适当位置，释放鼠标，在旋转位置放下零部件，如图2.1.5.8所示。

三、约束零部件

除了添加装配约束以组合零部件以外，Inventor 还可以添加运动约束以驱动部件的转动或部分转动，方便进行部件运动动态观察，甚至可以录制部件运动的动画视频文件；还可以添加过渡约束，使得零部件之间的某些曲面始终保持一定的关系。

在部件文件中装入或创建零件后，可以使用装配约束建立部件中的零部件的方向模拟零部件之间的机械关系。例如，可以是两个平面配合，将两个零件上的圆柱特征指定为保持同心关系，或约束一个零部件上的球面，使其与另一个零部件上的平面保持相切关系，装配约束决定了部件中的零部件如何配合在一起。当应用了约束，就删除了自由度，限制了零部件移动的方式。

装配约束不仅仅是将零部件组合在一起，正确应用装配约束还可以为 Inventor 提供执行干涉检查、冲突和接触动态分析以及质量特性计算所需的信息。当正确应用约束时，可以驱动基本约束的值并查看部件中零部件的移动。

（一）部件约束

部件约束包括配合、角度、插入、相切和对称约束。

1. 配合约束

配合约束将零部件面对面放置或使这些零部件表面齐平相邻，该约束将删除平面之间的一个线性平移自由度和两个角度旋转自由度。

通过配合约束装配零部件的步骤如下。

（1）单击"装配"标签栏"约束"面板上的"约束"按钮，打开"放置约束"对话框，单击"配合"类型，如图2.1.5.9所示。

（2）在视图中选择要配合的两个平面、轴线或者曲面等，如图2.1.5.10所示。

（3）在对话框中选择求解方法，并设置偏移量，单击"确定"按钮，完成配合约束，结果如图2.1.5.11所示。

图 2.1.5.9　"放置约束"对话框

图 2.1.5.10　选择面

图 2.1.5.11　配合约束

配合约束能产生的约束结果如下。

（1）对于两个平面：选定两个零件上的平面（特征上的平面、工作面、坐标面），两面朝向可以相反，也可以相同，朝向相同也称为"齐平"。可以零距离，也可以有间隙。

（2）对于平面和线：选定一个零件上的平面和另一个零件上的直线（棱边、未退化的草图直线、工作轴、坐标轴），将线约束为面的平行线，也可以有距离。

（3）对于平面和点：选定一个零件上的平面和另一个零件上的点（工作点），将点约束在面上，也可以有距离。

（4）对于线和线：选定两个零件上的线（棱边、未退化的草图直线、工作轴、坐标轴），将两线约束为平行，也可以有距离。

（5）对于点和点：选定两个零件上的点（工作点），将两点约束为重合，也可以有距离。

"放置约束"对话框中的配合约束说明如下。

（1）配合：将选定面彼此垂直放置且面发生重合。

（2）表面齐平：用来对齐相邻的零部件，可以通过选中的面、线或点来对齐零部件，使其表面法线指向相同方向。

（3）先单击零件：勾选此复选框可选几何图元限制为单一零部件。这个功能适合在零部件处于紧密接近或部分相互遮挡时使用。

（4）偏移量：用来指定零部件相互之间偏移的距离。

（5）显示预览：勾选此复选框，预览装配后的图形。

（6）预计偏移量和方向：装配时由系统自动预测合适的装配偏移量和偏移方向。

2. 角度约束

对准角度约束可以使零部件上平面或边线按照一定的角度放置，该约束删除平面之间的一个旋转自由度或两个角度旋转自由度。

通过角度约束装配零部件的步骤如下。

（1）单击"装配"标签栏"约束"面板上的"约束"按钮，打开"放置约束"对话框，单击"角度"类型，如图 2.1.5.12 所示。

（2）在对话框中选择求解方法，并在视图中选择平面，如图 2.1.5.13 所示。

（3）在对话框中输入角度值，单击"确定"按钮，完成角度约束，如图 2.1.5.14 所示。

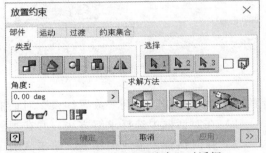

图 2.1.5.12　"放置约束"对话框

图 2.1.5.13　选择面

图 2.1.5.14　角度约束

角度约束能产生的约束结果如下。

（1）对于两个平面：选定两个零件上的平面（特征上的平面、工作面、坐标面），将两面约束为一定角度。当夹角为0°时，成为平行面。

（2）对于平面和线：选定一个零件上的平面和另一个零件上的直线（棱边、未退化的草图直线、工作轴、坐标轴）。它使平面法线与直线产生夹角，将线约束为面的夹角的线，当夹角为0°时，成为垂直线。

（3）对于线和线：选定两个零件上的线（棱边、未退化的草图直线、工作轴、坐标轴），将两线约束为一定夹角的线，当夹角为0°时，成为平行线。

放置约束对话框中的角度约束说明如下。

（1）指定角度：它始终应用右手规则，也就是说右手的除拇指外的四指指向旋转的方向，拇指指向为旋转轴的正向。当设定了一个对准角度之后，需要对准角度的零件总是沿一个方向旋转，即旋转轴的正向。

（2）非定向角度：它是默认的方式，在该方式下可以选择任意一种旋转方式。如果解出的位置近似于上次计算出的位置，则自动应用左手规则。

（3）明显参考矢量：通过向选择过程添加第三次选择来显示定义 Z 轴矢量（叉积）的方向。约束驱动或拖动时，减小角度约束的角度以切换至替换方式。

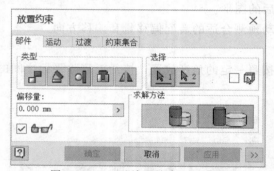

图 2.1.5.15 "放置约束"对话框

（4）角度：应用约束的线、面之间角度的大小。

3. 相切约束

相切约束定位面、平面、圆柱面、球面、圆锥面和规则的样条曲线在相切点处相切。相切约束将删除线性平移的一个自由度，或在圆柱和平面之间删除一个线性自由度和一个旋转自由度。

通过相切约束装配零部件的步骤如下。

（1）单击"装配"标签栏"约束"面板上的"约束"按钮，打开"放置约束"对话框，单击"相切"类型，如图 2.1.5.15 所示。

（2）在对话框中选择求解方法，并在视图中选择两个圆柱面，如图 2.1.5.16 所示。

（3）在对话框中输入偏移量，单击"确定"按钮，完成相切约束，如图 2.1.5.17 所示。

图 2.1.5.16 选择面

图 2.1.5.17 完成相切约束

"相切"约束能产生的约束结果如下。

选定两个零件上的面，其中一个可以是平面（特征上的平面、工作面、坐标面），而另一个是曲面（柱面、球面和锥面）或者都是曲面（柱面、球面和锥面）。将两面约束为相切，可以输入偏移量让二者在方向上有距离，相当于在两者之间"垫上"一层有厚度的虚拟实体。

"放置约束"对话框中的相切约束说明如下。

（1）内部：将在第二个选中零件内部的切点处放置第一个选中零件。

（2）外部：将在第二个选中零件外部的切点处放置第一个选中零件。默认方式为外边框方式。

4．插入约束

插入约束是平面之间的面对面配合约束和两个零部件轴之间的配合约束的组合，它将配合约束放置于所选面之间，同时将圆柱体沿轴向同轴放置。插入约束保留了旋转自由度，平动自由度将被删除。

通过插入约束装配零部件的步骤如下。

（1）单击"装配"标签栏"约束"面板上的"约束"按钮，打开"放置约束"对话框，单击"插入"类型，如图 2.1.5.18 所示。

（2）在对话框中选择求解方法，在视图中选择圆形边线，如图 2.1.5.19 所示。

（3）在对话框中输入偏移量，单击"确定"按钮，完成插入约束，如图 2.1.5.20 所示。

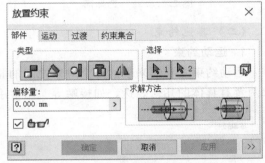

图 2.1.5.18　"放置约束"对话框

图 2.1.5.19　选择面

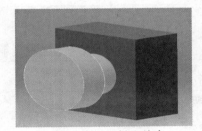

图 2.1.5.20　插入约束

"放置约束"对话框中的插入约束说明如下。

（1）反向：两圆柱的轴线方向相反，即"面对面"配合约束与轴线重合约束的组合。

（2）对齐：两圆柱的轴线方向相同，即"肩并肩"配合约束与轴线重合约束的组合。

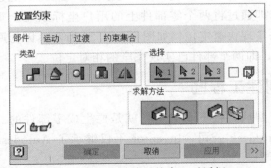

图 2.1.5.21　"放置约束"对话框

5．对称约束

对称约束根据平面或平整面对称地放置两个对象。

通过对称约束装配零部件的步骤如下。

（1）单击"装配"标签栏"约束"面板上的"约束"按钮，打开"放置约束"对话框，单击"对称"类型，如图 2.1.5.21 所示。

（2）在视图中选择如图 2.1.5.22 所示的

零件 1 和零件 2。

（3）在浏览器中零件 1 的原始坐标系文件中选择 YZ 平面为对称平面。

（4）单击"确定"按钮，完成对称约束，如图 2.1.5.23 所示。

图 2.1.5.22　选择面

图 2.1.5.23　完成对称约束

（二）其他约束

1. 运动约束

运动约束主要用来表达两个对象之间的相对运动关系，如图 2.1.5.24 所示，因此不要求两者有具体的几何表达，如接触等。用常用的相对运动来表达设计意图是非常方便的。

图 2.1.5.24　运动约束

图 2.1.5.25　过渡约束

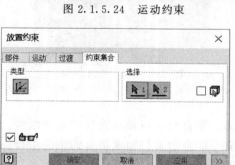

图 2.1.5.26　约束集合

2. 过渡约束

过渡约束用来表达诸如凸轮和从动件这种类型的装配关系，是一种面贴合的配合，即在行程内，两个约束的面始终保持贴合，如图 2.1.5.25 所示。

3. 约束集合

因为 Inventor 支持用户坐标系（UCS），此选项卡即通过将两个零部件上的用户坐标系完全重合来实现快速定位，如图 2.1.5.26 所示。因为两个坐标系是完全重合的，所以一旦添加此约束，即两个部件已实现完全的相对定位。

任务六　创建工程图

在 Inventor 中完成了三维零部件的设计造型后，接下来的工作就是要生成零部件的二维工程图了。Inventor 与 AutoCAD 同出于 Autodesk 公司，Inventor 不仅继承了 Autodesk 的众多优点，并且具有更多强大和人性化的功能。

（1）Inventor 自动生成二维视图，用户可自由选择视图的格式，如标准三视图（主视图、俯视图、侧视图）、局部视图、打断视图、剖面图、轴测图等。Inventor 还支持生成零件的当前视图，也就是说可从任何方向生成零件的二维视图。

（2）用三维视图生成的二维图是参数化的，同时二维三维可双向关联，也就是说当改变了三维实体的尺寸的时候，对应的二维工程图的尺寸会自动更新；当改变了二维工程图的某个尺寸的时候，对应的三维实体的尺寸也随之改变，这就大大提高了设计的效率。

图 2.1.6.1　"新建文件"对话框

一、进入工程图环境

（1）单击"快速入门"标签栏"启动"面板中的"新建"按钮，打开"新建文件"对话框，在对话框中选择"Standard.idw"模板，如图 2.1.6.1 所示。

（2）单击"创建"按钮，进入工程图环境，如图 2.1.6.2 所示。

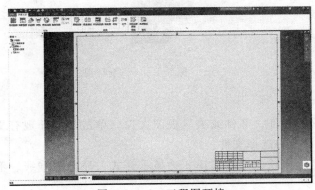

图 2.1.6.2　工程图环境

二、视图的生成

在 Inventor 中创建基础视图、投影视图、斜视图、剖视图和局部视图等。

（一）基础视图

新工程图中的第一个视图是基础视图，基础视图是创建其他视图（如剖视图、局部视图）的基础。用户也可以随时为工程图添加多个基础视图。

创建基础视图的步骤如下。

（1）单击"放置视图"标签栏"创建"面板上的"基础视图"按钮，打开"工程视图"对话框，如图 2.1.6.3 所示。

（2）在对话框中单击"打开现有文件"按钮，打开"打开"对话框，选择需要创建视图的零件，这里选择"底座与关节.ipt"零件，如图 2.1.6.4 所示。

（3）单击"打开"按钮，回到"工程视图"对话框，系统默认视图方向为前视图，如图 2.1.6.5 所示。在视图中单击 ViewCube 的右侧，切换视图方向到右视图，并单击视图角度，如图 2.1.6.6 所示。

（4）在"工程视图"对话框中，设置缩放比例为 1：4，单击"不显示隐藏线"按钮，单击"确定"按钮完成基础视图的创建，如图 2.1.6.7 所示。

"工程视图"对话框中的选项说明如下。

图 2.1.6.3 "工程视图"对话框

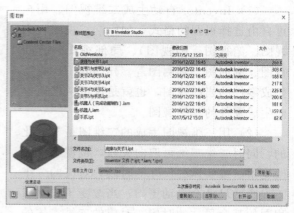

图 2.1.6.4 "打开"对话框

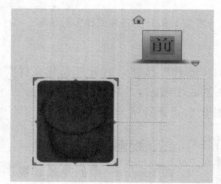

图 2.1.6.5 默认视图方向

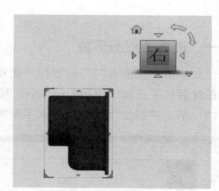

图 2.1.6.6 旋转视图

（1）"零部件"选项卡

① 文件：用来指定要用于工程视图的零件、部件或表达视图文件。单击"打开现有文件"按钮，打开"打开"对话框，在对话框中选择文件。

② 样式：用来定义工程图视图的显示样式，可以选择 3 种显示样式：显示隐藏线、不显示隐藏线和着色。

③ 比例：设置生成的工程视图相对于零件或部件的比例。另外在编辑从属视图时，该选项可以用来设置视图相对于父视图的比例，可以在框中输入所需的比例，或者单击箭头从常用比例列表中选择。

④ 视图名称：输入视图的名称。默认的视图名称由激活的绘图标准所决定。

⑤ 切换标签可见性：显示或隐藏视图名称。

（2）"显示选项"选项卡（如图 2.1.6.8 所示）设置工程视图的元素是否显示，注意只有适用于指定模型和视图类型的选项才可用。可以选中或者清除一个选项来决定该选项对应的元素是否可见。

（二）投影视图

用投影视图工具可以创建以现有视图为基础的其他从属视图，如正交视图或等轴测视图等。正交投影视图的特点是默认与父视图对齐，并且继承父视图的比例和显示方式；若移动父视图，从属的正交投影视图仍保持与它的正交对齐关系；若改变父视图的比例，正交投影

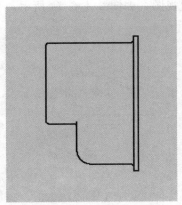

图 2.1.6.7　创建视图

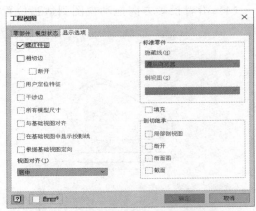

图 2.1.6.8　"工程视图"中的"显示选项"

视图的比例也随之改变。

创建投影视图的步骤如下。

（1）单击"放置视图"标签栏"创建"面板上的"投影视图"按钮，在视图中选择要投影的视图，并将视图拖动到投影位置，如图 2.1.6.9 所示。

（2）单击放置视图，单击鼠标右键，在打开的快捷菜单中选择"创建"选项，如图 2.1.6.10 所示，完成投影视图的创建，如图 2.1.6.11 所示。

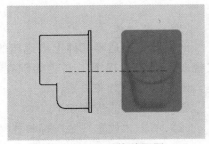

图 2.1.6.9　拖动视图

（三）斜视图

通过父视图中的一条边或直线投影来放置斜视图，得到的视图将与父视图在投影方向上对齐。光标相对于父视图的位置决定了斜视图的方向，斜视图继承父视图的比例和显示设置，斜视图可以看作是机械设计中的向视图。

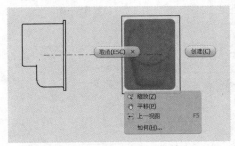

图 2.1.6.10　快捷菜单

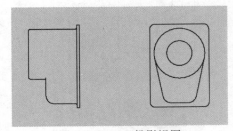

图 2.1.6.11　投影视图

创建斜视图的步骤如下。

（1）单击"放置视图"标签栏"创建"面板上的"斜视图"按钮，选择要投影的视图。

（2）打开"斜视图"对话框，如图 2.1.6.12 所示，在对话框中设置视图参数。

（3）在视图中选择线性模型边定义视图方向。如图 2.1.6.13 所示。

图 2.1.6.12　"斜视图"对话框

（4）沿着投影方向拖动视图到适当位置，单击放置视图，如图 2.1.6.14 所示。

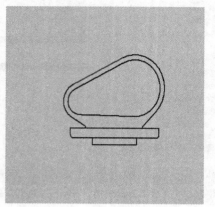

图 2.1.6.13　选择边

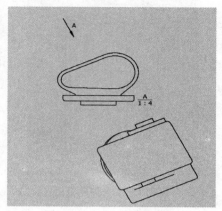

图 2.1.6.14　创建斜视图

（四）剖视图

剖视图是表达零部件上被遮挡的特征以及部件装配关系的有效方式。它将已有视图作为父视图来创建剖视图。创建的剖视图默认与其父视图对齐，若在放置剖视图时按"Ctrl"键，则可以取消对齐关系。

创建剖视图的步骤如下。

（1）单击"放置视图"标签栏"创建"面板上的"剖视"按钮，在视图中选择父视图。

（2）在父视图上绘制剖切线，剖切线绘制完成后单击鼠标右键，在打开的快捷菜单中选择"继续"选项，如图 2.1.6.15 所示。

（3）打开"剖视图"对话框，如图 2.1.6.16 所示，在对话框中设置视图参数。

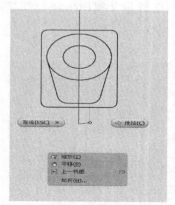

图 2.1.6.15　快捷菜单

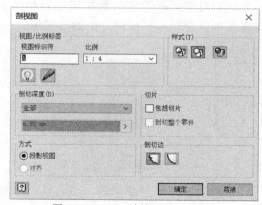

图 2.1.6.16　"剖视图"对话框

（4）拖动视图到适当位置，单击放置视图，如图 2.1.6.17 所示。

"剖视图"对话框中的选项说明如下。

（1）视图/比例标签

① 视图标识符：编辑视图标识符号字符串。

② 比例：设置相对于零件或部件的视图比例。在框中输入比例，或者单击箭头从常用比例列表中选择。

（2）剖切深度

① 全部：零部件被完全剖切。

② 距离：按照指定的深度进行剖切。

（3）切片

① 包括切片：如果选中此选项，则会根据浏览器属性创建包含一些切割零部件和剖视零部件的剖视图。

② 剖切整个零件：如果选中此选项，则会取代浏览器属性，并会根据剖视线几何图元切割视图中的所有零部件。

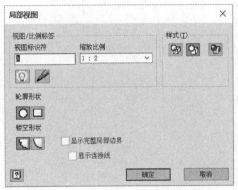

图 2.1.6.17　创建剖视图

（4）方式

① 投影视图：从草图线创建的投影视图。

② 对齐：选择此选项，生成的剖视图将垂直于投影线。

（五）局部视图

对已有视图区域创建局部视图，可以使该区域在局部视图上得到放大显示，因此局部视图也称局部放大图。局部视图并不与父视图对齐，默认情况下也不与父视图同比例。

创建局部视图的步骤如下。

（1）单击"放置视图"标签栏"创建"面板上的"局部视图"按钮，选择父视图。

（2）打开"局部视图"对话框，如图2.1.6.18所示，在对话框中设置标识符、缩放比例、轮廓形状和镂空形状等参数。

（3）在视图中要创建局部视图的位置绘制边界，如图 2.1.6.19 所示。

（4）拖动视图到适当位置，单击鼠标放置，如图 2.1.6.20 所示。

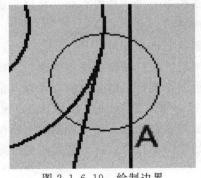

图 2.1.6.18　"局部视图"对话框

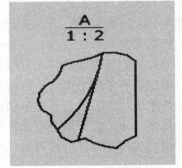

图 2.1.6.19　绘制边界　　　　图 2.1.6.20　创建局部视图

"局部视图"对话框中的选项说明如下。

（1）轮廓形状：为局部视图指定图形或矩形轮廓形状。父视图和局部视图的轮廓形状相同。

（2）镂空形状：可以将切割线型指定为"锯齿状"或"平滑"。

（3）显示完整局部边界：会在产生的局部视图周围显示全边界（环形或矩形）。

（4）显示连接线：会显示局部视图中轮廓和全边界之间的连接线。

三、修改视图

（一）打断视图

通过删除或"打断"不相关部分可以减少模型的尺寸。如果零部件视图超出工程图长度，或者包含大范围的非明确几何图元，则可以在视图中创建打断。

创建打断视图的步骤如下。

（1）单击"放置视图"标签栏"修改"面板上的"断裂画法"按钮，选择要打断的视图。

（2）打开"断开"对话框，如图2.1.6.21所示，在对话框中设置打断样式、打断方向以及间隙等参数。

（3）在视图中放置一条打断线，拖动第二条打断线到适当位置，如图2.1.6.22所示。

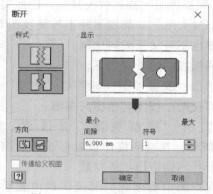

图2.1.6.21　"断开"对话框

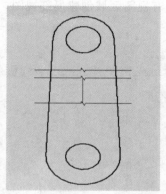

图2.1.6.22　放置打断线

（4）单击鼠标放置打断线，完成打断视图的创建，如图2.1.6.23所示。

编辑打断视图的操作如下。

（1）在打断视图的打断符号上单击右键，在快捷菜单中选择"编辑打断"选项，则重新打开"断开视图"对话框，可以重新对打断视图的参数进行定义。

（2）如果要删除打断视图，选择右键菜单中的"删除"选项即可。

（3）另外，打断视图提供了打断控制器以直接在图纸上对打断视图进行修改。当鼠标指针位于打断视图符号的上方时，打断控制器（一个绿色的小圆形）即会显示，可以用鼠标左键按住该控制器，左右或者上下拖动以改变打断的位置，如图2.1.6.24所示。还可以通过拖动两条打断线来改变去掉的零部件部分的视图量。如果将打断线从初始视图的打断位置移走，则会增加去掉零部件的视图量，将打断线移向初始视图的打断位置，会减少去掉零部件的视图量。

"断开"对话框中的选项说明。

（1）样式

① 矩形样式：为非圆柱形对象和所有剖视打断的视图创建打断。

② 构造样式：使用固定格式的打断线创建打断。

（2）方向

① 水平：设置打断方向为水平方向。

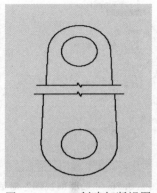

图 2.1.6.23 创建打断视图

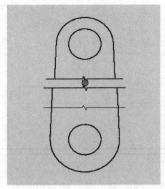

图 2.1.6.24 拖动打断线

② 竖直：设置打断方向为竖直方向。

（3）显示

① 显示：设置每个打断类型的外观。当拖动滑块时，控制打断的波动幅度，表示为打断间隙的百分比。

② 间隙：指定打断视图中打断之间的距离。

③ 符号：指定所选打断处的打断符号的数目，每处打断最多允许使用 3 个符号，并且只能在"结构样式"的打断中使用。

（4）传递给父视图　如果选择此选项，则打断操作将扩展到父视图，此选项的可用性取决于视图类型和"打断继承"选项的状态。

（二）局部剖视图

去除已定义区域的材料以显示现有工程图中被遮挡的零件或特征的操作。局部剖视图需要依赖于父视图，所以要创建局部剖视图，必须先放置父视图，然后创建与一个或多个封闭的截面轮廓相关联的草图，来定义局部剖面区域的边界。

创建局部剖视图的步骤如下。

（1）在视图中选择要创建局部剖视图的视图。

（2）单击"放置视图"标签栏"草图"面板上的"开始创建草图"按钮，进入草图环境。

（3）绘制局部剖面视图边界，如图 2.1.6.25 所示，完成草图绘制，返回到工程图环境。

（4）单击"放置视图"标签栏"修改"面板上的"局部剖视图"按钮，打开"局部剖视图"对话框，如图 2.1.6.26 所示。

（5）捕捉如图 2.1.6.27 所示的端点为深度点，输入距离为 10mm，其他采用默认设置，单击"确定"按钮，完成局部剖视图的创建，如图 2.1.6.28 所示。

"局部剖视图"对话框中的选项说明如下。

（1）深度

① 自点：为局部剖的深度设置数值。

② 至草图：使用与其他视图相关联的草图几何图元定义局部剖的深度。

③ 至孔：使用视图中孔特征的轴定义局部剖的深度。

④ 贯通零件：使用零件的厚度定义局部剖的深度。

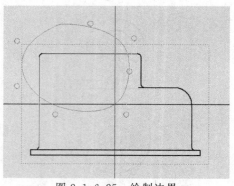

图 2.1.6.25　绘制边界

图 2.1.6.26　"局部剖视图"对话框

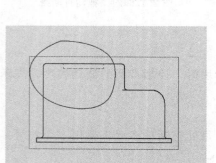

图 2.1.6.27　捕捉端点

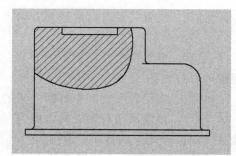

图 2.1.6.28　创建局部剖视图

（2）显示隐藏边　临时显示视图中的隐藏线，可以在隐藏线几何图元上拾取一点来定义局部剖深度。

（3）剖切所有零件　勾选此复选框，以剖切当前未在局部剖视图区域中剖切的零件。

（三）断面图

断面图是在工程图中创建真正的零深度剖面图，剖切截面轮廓由所选源视图中的关联草图几何图元组成。断面操作将在所选的目标视图中执行。

创建断面图的步骤如下。

（1）在视图中选择要创建断面的视图。

（2）单击"放置视图"标签栏"草图"面板上的"开始创建草图"按钮，进入草图环境。

（3）绘制断面草图，如图 2.1.6.29 所示，完成草图绘制，返回到工程图环境。

（4）在视图中选择要剖切的视图，如图 2.1.6.30 所示。

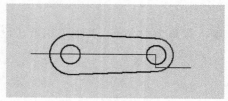

图 2.1.6.29　绘制草图

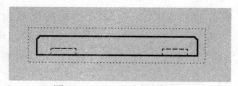

图 2.1.6.30　选择剖切面

（5）打开"断面图"对话框，如图 2.1.6.31 所示。在视图中选择 2.1.6.29 中绘制的草图。

（6）在对话框中单击"确定"按钮，完成断面图的创建，如图 2.1.6.32 所示。

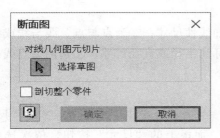

图 2.1.6.31 "断面图"对话框

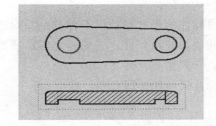

图 2.1.6.32 创建断面图

剖切整个零件：勾选此复选框，断面草图几何图元穿过的所有零部件都参与断面，与断面草图几何图元不相交的零部件不会参与断面操作。

（四）修剪

修剪操作包含已定义边界的工程视图的方法，用户可以通过用鼠标拖动拉出的环形、矩形或预定义视图草图来执行修剪操作。

修剪视图的步骤如下。

（1）单击"放置视图"标签栏"修改"面板上的"修剪"按钮，在视图中选择要修剪的视图。

（2）选择要保留的区域，如图 2.1.6.33 所示。

（3）单击鼠标，完成视图修剪，结果如图 2.1.6.34 所示。

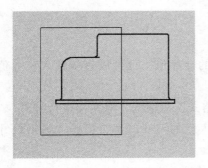

图 2.1.6.33 选择区域

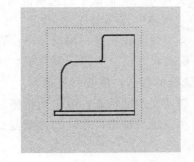

图 2.1.6.34 修剪视图

四、尺寸标注

创建完视图后，需要对工程图进行尺寸标注。尺寸标注是工程图设计中的重要环节，它关系到零件的加工、检验和使用各个环节。只有配合合理的尺寸标注，才能帮助设计者更好地表达设计意图。

工程图中的尺寸标注是与模型中的尺寸相关联的，模型尺寸的改变会导致工程图中尺寸的改变。同样，工程图中尺寸的改变会导致模型尺寸的改变。但两者还是有很大区别的。

模型尺寸：零件中约束特征大小的参数化尺寸。这类尺寸创建于零件建模阶段，它们被应用于绘制草图或添加特征，由于是参数化尺寸，因此可以实现与模型的相互驱动。

工程图尺寸：设计人员在工程图中新标注的尺寸，作为图样的标注用于对模型进一步的说明。标注工程图尺寸不会改变零件的大小。

（一）尺寸

可标注的尺寸包括以下种类：①为选定图线添加线性尺寸；②为点与点、线与线或线与点之间添加线性尺寸；③为选定圆弧或圆形图形线标注半径或直径尺寸；④选两条直线标注角度；⑤虚焦点尺寸。

标注尺寸的步骤如下。

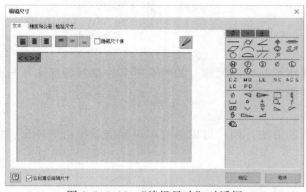

图 2.1.6.35　"编辑尺寸"对话框

（1）单击"标注"标签栏"尺寸"面板上的"尺寸"按钮，依次选择几何图元的组成要素即可。例如：

① 要标注直线的长度，可以依次选择直线的两个端点，或直接选择整条直线；

② 要标注角度，可以依次选择角的两条边；

③ 要标注圆或者圆弧的半径（直径），选取圆或者圆弧即可。

（2）选择图元后，显示尺寸并打开"编辑尺寸"对话框，如图 2.1.6.35 所示，在对话框中设置尺寸参数。

（3）在适当位置单击鼠标，放置尺寸。

"编辑尺寸"对话框中的选项说明如下。

（1）"文本"选项卡

① 文本位置按钮组：编辑文本位置。

② 隐藏尺寸值：勾选此复选框，可以编辑尺寸的计算值，也可以直接输入尺寸值。取消此复选框的勾选，恢复计算值。

③ 启动文本编辑器：单击此按钮，打开"文本格式"对话框，对文字进行编辑。

④ 在创建后编辑尺寸：勾选此复选框，每次插入新的尺寸时都会打开"编辑尺寸"对话框，编辑尺寸。

⑤ "符号"列表：在列表中选择符号插入到光标位置。

（2）"精度和公差"选项卡（如图 2.1.6.36 所示）

① 模型值：显示尺寸的模型值。

② 替代显示值：勾选此复选框，关闭计算的模型值，输入替代值。

③ 公差方式：在列表中指定选定尺寸的公差方式。

a. 上偏差：设置上偏差的值。

b. 下偏差：设置下偏差的值。

c. 孔：当选择"公差与配合"公差方式时，设置孔尺寸的公差值。

d. 轴：当选择"公差与配合"公差方式时，设置轴尺寸的公差值。

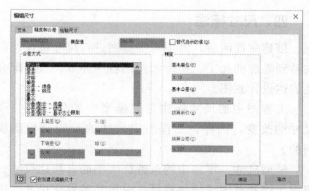

图 2.1.6.36　"精度和公差"选项卡

④ 精度：数值将按指定的精度四舍五入。

a. 基本单位：设置指定尺寸的基本单位的小数位数。

b. 基本公差：设置指定尺寸的基本公差的小数位数。

c. 换算单位：设置指定尺寸的换算单位的小数位数。

d. 换算公差：设置指定尺寸的换算公差的小数位数。

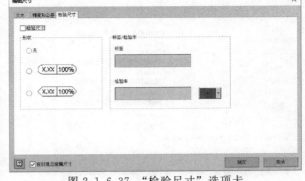

图 2.1.6.37 "检验尺寸"选项卡

（3）"检验尺寸"选项卡（图 2.1.6.37）

① 检验尺寸：勾选此复选框，将选定的尺寸指定为检验尺寸并激活检验选项。

② 形状。

a. 无：指定检验尺寸文本周围无边界形状。

b. 圆形：指定所需的检验尺寸形状两端为圆形。

c. 尖形：指定所需的检验尺寸形状两端为尖形。

③ 标签/检验率。

a. 标签：包含放置在尺寸值左侧的文本。

b. 检验率：包含放置在尺寸值右侧的百分比。

c. 符号：将选定的符号放置在激活的标签或检验率框中。

（二）中心标记

在装入工程视图或超级草图之后，可以通过手动或自动方式来添加中心线和中心标记。

1. 自动中心线

将自动中心线和中心标记添加到圆、圆弧、椭圆和阵列中，包括带有孔和拉伸切口的模型。

（1）单击"工具"标签栏"选项"面板中的"文档设置"按钮，打开"文档设置"对话框，选择"工程图"选项卡，如图 2.1.6.38 所示。

（2）单击"自动中心线"按钮，打开如图 2.1.6.39 所示的"自动中心线"对话框，设置添加中心线的参数，包括接收中心线和中心标记的特征类型，以及几何图元是正轴投影还是平行投影。

2. 手动添加中心线

用户可以手动将 4 种类型的中心线和中心标记应用到工程图中的各个特征或零件。

（1）中心标记：选定圆或者圆弧，将自动创建十字中心标记线。

（2）中心线：选择两个点，手动绘制中心线。

（3）对称中心线：选定两条线，将创建它们的对称线。

（4）中心阵列：为环形阵列特征创建中心线。

五、符号标注

一个完整的工程图不但要有视图和尺寸，还得添加一些符号，例如表面粗糙度符号、形位公差符号等。

图 2.1.6.38 "文档设置"对话框

图 2.1.6.39 "自动中心线"对话框

（一）表面粗糙度标注

表面粗糙度是评价零件表面质量的重要指标之一，它对零件的耐磨性、耐腐蚀性、零件之间的配合和外观都有影响。

标注表面粗糙度的步骤如下。

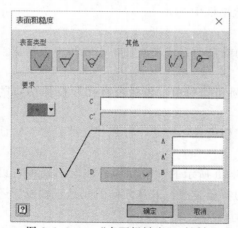

图 2.1.6.40 "表面粗糙度"对话框

（1）单击"标注"标签栏"符号"面板上的"粗糙度"按钮。

（2）要创建不带指引线的符号，可以双击符号所在的位置，打开"表面粗糙度"对话框，如图 2.1.6.40 所示。

（3）要创建与几何图元相关联的、不带指引线的符号，可以双击亮显的边或点，该符号随即附着在边或点上，并且将打开"表面粗糙度"对话框，可以拖动符号来改变其位置。

（4）要创建带指引线的符号，可以单击指引线起点的位置，如果单击亮显的边或点，则指引线将被附着在边或点上，移动光标并单击，为指引线添加另外一个顶点。当表面粗糙度符号指示器位于所需的位置时，单击鼠标右键选择"继续"选项以放置符号，此时也会打开"表面粗糙度"对话框。

"表面粗糙度"对话框中的选项说明如下。

（1）表面类型

① 基本符号：基本表面粗糙度符号。

② 去除材料：表面用去除材料的方法获得。

③ 不去材料：表面用不去除材料的方法获得。

（2）其他

① 长边和横线：该符号为符号添加一个尾部符号。

② 多边：该符号为工程图指定标准的表面特征。

③ 所有表面相同：该符号添加表示所有表面粗糙度相同的标识。

（二）基准标识标注

使用此命令创建一个或多个基准标识符号，可以创建带指引线的基准标识符号或单个的标识符号。

标注标准标识符号的步骤如下。

（1）单击"标注"标签栏"符号"面板上的"基准标识符号"按钮。

（2）要创建不带指引线的符号，可以双击符号所在的位置，此时打开"文本格式"对话框。

（3）要创建与几何图元相关联的、不带指引线的符号，可以双击亮显的边或点，则符号将被附着在边或点上，并打开"文本格式"对话框，然后可以拖动符号来改变其位置。

（4）如果要创建带指引线的符号，首先单击指引线起点的位置，如果选择单击亮显的边或点，则指引线将被附着在边或点上，然后移动光标以预览将创建的指引线，单击来为指引线添加另外一个顶点。当符号标识位于所需的位置时，单击鼠标右键，然后选择"继续"选项，则符号成功放置，并打开"文本格式"对话框。

（5）参数设置完毕，单击"确认"按钮完成标准标识标注。

（三）形位公差标注

标注形位公差的步骤如下。

（1）单击"标注"标签栏"符号"面板上的"形位公差符号"按钮。

（2）要创建不带指引线的符号，可以双击符号所在的位置，此时打开"形位公差符号"对话框，如图 2.1.6.41 所示。

（3）要创建与几何图元相关联的、不带指引线的符号，可以双击亮显的边或点，则符号将被附着在边或点上，并打开"形位公差符号"对话框，然后可以拖动符号来改变其位置。

（4）如果要创建带指引线的符号，首先单击指引线起点的位置，如果选择单击亮显的边或点，则指引线将被附着在边或点上，然后移动光标以预览将创建的指引线，单击来为指引线添加另外一个顶点。当符号标识位于所需的位置时，单击鼠标右键，然后选

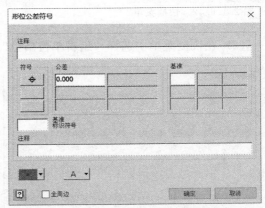

图 2.1.6.41　"形位公差符号"对话框

择"继续"选项，则符号成功放置，并打开"形位公差符号"对话框。

（5）参数设置完毕，单击"确认"按钮完成形位公差的标注。

"形位公差"对话框中的选项说明如下。

（1）符号　选择要进行标注的项目，一共可以设置 3 个，可以选择直线度、圆度、垂直度、同轴度等公差项目。

（2）公差　设置公差值，可以分别设置两个独立公差的数值。但是第二个公差仅适用于 ANSI 标准。

（3）基准　指定影响公差的基准，基准符号可以从下面的符号栏中选择，如 A，也可以手工输入。

（4）基准标识符号　指定与形位公差符号相关的基准标识符号。

（5）注释　向形位公差符号添加注释。

（6）全周边　勾选此复选框，用来在形位公差旁添加周围焊缝符号。

编辑形位公差有以下几种类型。

（1）选择要修改的形位公差，在打开的如图 2.1.6.42 所示的快捷菜单中选择"编辑形位公差符号样式"。打开"样式和标准编辑器"对话框，其中的"形位公差符号"选项自动打开，如图 2.1.6.43 所示，可以编辑形位公差符号的样式。

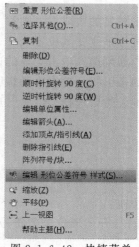

图 2.1.6.42　快捷菜单

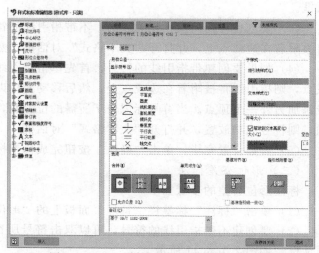

图 2.1.6.43　"样式和标准编辑器"对话框

（2）在快捷菜单中选择"编辑单位属性"选项后会打开"编辑单位属性"对话框，对公差的基本单位和换算单位进行更改，如图 2.1.6.44 所示。

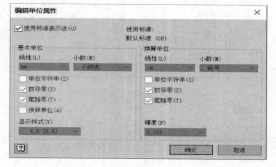

图 2.1.6.44　"编辑单位属性"对话框

（3）在快捷菜单中选择"编辑箭头"选项，则打开"更改箭头"对话框以修改箭头形状。

（四）文本标注

在 Inventor 中，可以向工程图中的激活草图或工程图资源（例如标题栏格式、自定义图框或略图符号）中添加文本框或者带有指引线的注释文本，作为图纸标题、技术要求或者其他的备注说明文本等。

标注文本的步骤如下。

（1）单击"标注"标签栏"文本"面板上的"文本"按钮。

（2）在草图区域或者工程图区域按住左键，移动鼠标拖出一个矩形作为放置文本的区域，松开鼠标后打开"文本格式"对话框，如图 2.1.6.45 所示。

（3）设置好文本的特性、样式等参数后，在下面的文本框中输入要添加的文本。

（4）单击"确定"按钮以完成文本的添加。

"文本格式"对话框中的选项说明如下。

（1）样式　指定要应用到文本的文本样式。

（2）文本属性

① 对齐：在文本框中定位文本。

② 编号：创建项目符号和编号。

③ 基线对齐：在选中"单行文本"和创建草图文本时可用。

④ 单行文本：删除多行文本中的所有换行符。

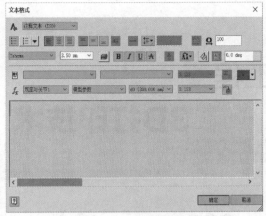

图 2.1.6.45　"文本格式"对话框

⑤ 行距：将行间距设置为"单倍""双倍""1.5 倍""多倍"或"精确"。

（3）字体属性

① 字体：指定文本字体。

② 字体大小：以图纸单位设置文本高度。

③ 样式：设置样式。

④ 堆叠：可以堆叠工程图文本中的字符串创建斜堆叠分数或水平堆叠分数以及上标或下标字符串。

⑤ 颜色：指定文本颜色。

⑥ 文本大小写：将选定的字符串转换为大写、小写或词首字母大写。

⑦ 旋转角度：设置文本的角度，绕插入点旋转文本。

（4）模型、工程图和自定义特征

① 类型：指定工程图、源模型以及在"文档设置"对话框的"工程图"选项卡上的自定义特性源文件的特性类型。

② 特性：指定与所选类型关联的特性。

③ 精度：指定文本中显示的数字特性的精度。

（5）参数

① 零部件：指定包含参数的模型文件。

② 来源：选择要显示在"参数"列表中的参数类型。

③ 参数：指定要插入文本中的参数。

④ 精度：指定文本中显示的数值型参数的精度。

（6）符号　在插入点将符号插入文本。

工程三
3D打印技术

项目一 认识 3D 打印机

任务一 初识 3D 打印

一、什么是 3D 打印机

图 3.1.1.1　3D 打印机

3D 打印思想起源于 19 世纪末的美国，并在 20 世纪 80 年代得以发展和推广。3D 打印是科技融合体模型中最新的高"维度"的体现之一，被称作"上上个世纪的思想，上个世纪的技术，这个世纪的市场"。

3D 打印源自 100 多年前的照相雕塑和地貌成形技术，随后产生了打印技术的 3D 打印核心制造思想。20 世纪 80 年代 3D 打印已有雏形，其学名为"快速成型"。在 20 世纪 80 年代中期，激光烧结打印被在美国德州大学奥斯汀分校的卡尔·戴卡德博士开发出来并获得专利。1995 年，麻省理工创造了"三维打印"一词，当时的毕业生吉姆·布雷特和蒂姆·安德森修改了喷墨打印机方案，变为把约束溶剂挤压到粉末床的解决方案，而不是把墨水挤压在纸张上的方案。

3D 打印机（3D Printers，图 3.1.1.1）是一位名为恩里科·迪尼的发明家设计的，它是以数字模型文件为基础，运用粉末状金属或塑料等可黏合材料，通过逐层打印的方式来构造物体的技术。它的原理是：把数据和原料放进 3D 打印机中，机器会按照程序把产品一层层造出来。打印出的产品，可以即时使用。它不仅可以"打印"出一幢完整的建筑，甚至可以在航天飞船中给宇航员打印任何所需的物品。过去常用于模具制造、工业设计等领域的模型制造，现正逐渐用于一些产品的直接制造，意味着这项技术正在普及。

二、3D 打印机的分类及组成

快速成型技术（Rapid Prototyping）是 20 世纪 80 年代中后期发展起来的一项新型的造型技术。快速成型技术是将计算机辅助设计（CAD）、计算机辅助制造（CAM）、计算机数控技术（CNC）、材料学和激光结合起来的综合性造型技术。快速成型技术经过十多年的发展，已经型成了几种比较成熟的快速成型工艺：熔融沉积成型技术（FDM——Fused Deposition Modeling）、光固化成型技术（SLA——Stereo Lithography Apparabus）、选择性激光烧结成型技术（SLS——Selected Laser Sintering）、分层物体制造法（LOM——Laminated Object Manufacturing）等。

1. 光固化成型技术（SLA）

光固化成型技术，全称为立体光固化成型法，是用激光聚焦到光固化材料表面，使之由点到线，由线到面顺序凝固。然后升降台在垂直方向移动一个层片的高度，再固化另一个层面周而复始，层层叠加构成一个三维实体，如图 3.1.1.2 所示。

光固化成型法是最早出现的快速原型制造工艺，成熟度高。由 CAD 数字模型直接制成原型，加工速度快，产品生产周期短，无需切削工具与模具。可以加工结构外形复杂或使用传统手段难于成型的原型和模具。使 CAD 数字模型直观化，可以对计算机仿真计算的结果进行验证与校核。联机操作，可远程控制，利于生产的自动化。但该方法系统造价高昂，使用和维护成本过高。SLA 系统要有对加工的液体材料进行精密操作的设备，且对工作环境要求苛刻。成型件多为树脂类，强度、刚度、耐热性有限，不利于长时间保存等。

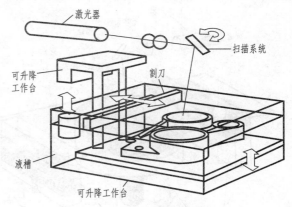

图 3.1.1.2　立体光固化成形法

在当前应用较多的几种快速成型工艺方法中，光固化成型由于具有成型过程自动化程度高、制作原型表面质量好、尺寸精度高以及能够实现比较精细的尺寸成型等特点，使之得到最为广泛的应用。在概念设计的交流、单件和小批量精密铸造、产品模型、快速工模具及直接面向产品的模具等方面，广泛应用于航空、汽车、电器、消费品以及医疗等行业。

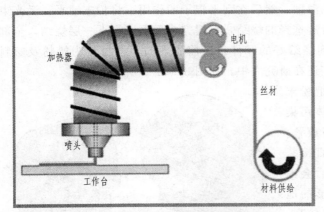

图 3.1.1.3　熔融沉积成型工艺的工作原理

2. 熔融沉积成型技术（FDM）

熔融沉积成型技术，是由美国学者斯科特·克伦普于 1988 年研制成功。FDM 3D打印机使用的材料一般是热塑性材料，如蜡、ABS、PLA、尼龙等。以丝状供料，材料在喷头内被加热熔化。喷头沿零件截面轮廓和填充轨迹运动，同时将熔化的材料挤出，材料迅速凝固，并与周围的材料凝结，如图 3.1.1.3 所示。

熔融沉积成型技术的特点是成型的快捷性，能自动、快捷、精确地将设计思想转变成一定功能的产品原型或直接制造零部件，该项技术不仅能缩短产品研制开发周期，减少产品研制开发费用，而且对迅速响应市场需求，提高企业核心竞争力具有重要作用。

熔融沉积成型技术具有使用材料性能好、成型速度较快、后处理简单，维护成本低等特点。该技术可以直接制造功能性零件，特别是在塑料零件领域，熔融沉积成型技术是一种快速制造方式，可在某些特定场合（试用、维修、暂时替换等）下直接使用。

熔融沉积成型技术可广泛应用于教育、科研、汽车、摩托车、家电、电动工具、医疗、机械制造、精密铸造、航天航空、工艺品、礼品制作以及玩具等行业。

3. 选择性激光烧结成型技术（SLS）

选择性激光烧结成型技术，由美国德克萨斯大学奥斯汀分校的卡尔·戴卡德于1989年研制成功。将材料粉末铺洒在已成型零件的上表面，并刮平；激光在计算机控制下，按照界面轮廓信息，用高强度的CO_2激光器对实心部分粉末进行烧结；材料粉末在高强度的激光照射下被烧结在一起，得到零件的截面，并与下面已成型的部分粘接；当一层截面烧结完后，铺上新的一层材料粉末，选择烧结下层截面。然后不断循环，层层堆积成形。SLS工艺选材较为广泛，如尼龙、蜡、ABS塑料（丙烯腈-丁二烯-苯乙烯塑料）、树脂裹覆砂（覆膜砂）、聚碳酸酯、金属和陶瓷粉末等

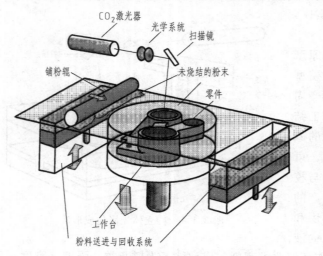

图3.1.1.4　烧结技术成型（SLS）原理

都可以作为烧结对象。粉床上未被烧结部分成为烧结部分的支撑结构，因而无需考虑支撑系统（硬件和软件）。SLS工艺与铸造工艺的关系极为密切，如烧结的陶瓷型可作为铸造之型壳、型芯，蜡型可做蜡模，热塑性材料烧结的模型可做消失模。

选择性激光烧结成型技术采用红外激光器作能源，使用的造型材料多为粉末材料。加工时，首先将粉末预热到稍低于其熔点的温度，然后在刮平辊子的作用下将粉末铺平；激光束在计算机控制下根据分层截面信息进行有选择的烧结，一层完成后再进行下一层烧结，全部烧结完后去掉多余的粉末，就可以得到烧结好的零件。目前成熟的工艺材料为蜡粉及塑料粉，用金属粉或陶瓷粉进行烧结的工艺还在研究之中，如图3.1.1.5所示。

SLS工艺在成型的过程中因为是把粉末烧结，所以工作中会有很多的粉状物体污染办公空间，一般设备要有单独的办公室放置。成型后的产品是一个实体，一般不能直接装配进行性能验证。产品存储时间过长后会因为内应力释放而变形。对容易发生变形的地方设计支撑，表面质量一般。生产效率较高，运营成本较高，设备费用较贵。能耗通常在8000瓦以上，材料利用率约100%。

SLS成型方法有着制造工艺简单，柔性

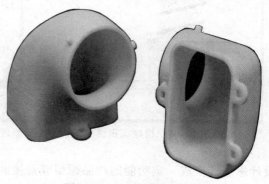

图3.1.1.5　烧结成型实物

度高、材料选择范围广，材料价格便宜、成本低，材料利用率高，成型速度快等特点，针对以上特点 SLS 法主要应用于铸造业，并且可以用来直接制作快速模具。

4. 分层物体制造法（LOM）

分层物体制造法又称层叠法成型技术，它以片材（如纸片、塑料薄膜或复合材料）为原材料，其成型原理如图 3.1.1.6 所示，激光切割系统按照计算机提取的横截面轮廓线数据，将背面涂有热熔胶的纸用激光切割出工件的内外轮廓。切割完一层后，送料机构将新的一层纸叠加上去，利用热黏压装置将已切割层黏合在一起，然后再进行切割，这样一层层地切割、黏合，最终成为三维工件。分层物体制造法常用材料是纸、金属箔、塑料膜、陶瓷膜等，此方法除了可以制造模具、模型外，还可以直接制造结构件或功能件。

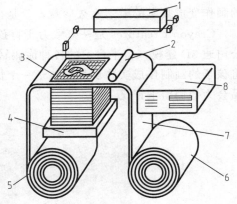

图 3.1.1.6　LOM 成形原理
1—CO_2 激光器；2—热压辊；3—加工平面；
4—升降台；5—收料轴；6—供料轴；
7—料带；8—控制计算机

分层物体制造法的特点：该技术的优点是工作可靠，模型支撑性好，成本低，效率高。缺点是前、后处理费时费力，且不能制造中空结构件。

成型材料：涂敷有热敏胶的纤维纸；制件性能：相当于高级木材；主要用途：快速制造新产品样件、模型或铸造用木模。

任务二　3D 打印机的应用

一、教育行业的应用

3D 打印技术被称为"具有工业革命意义的制造技术"，是"中国制造 2025"突破发展的重点领域。该技术在教育行业的应用十分广泛，在日常教育场景中，其一，便于塑造可重复使用的多种状态的教育对象且可快速打印用于教学辅助的模型、标本等教具；其二，作为蕴涵"设计思维"的个性化创造工具，可以满足不同教育层次的学习者以专业制造水平实现个性化创意设计的产品化需求；其三，便于打造虚实结合的教育创新应用平台，并可以基于 3D 打印技术建立创新实验室和创客空间，实现互联网和智能制造技术的协同创新。

国内，上海、青岛等教育发展先进地区已经成功地将 3D 打印引入基础教育领域。他们在青少年活动中心配备 3D 打印机和扫描仪，同时定期邀请技术专家开设包括 CAD 建模和 3D 打印机操作实践等相关课程，最终以指导学生打印出自己设计的产品为基础教育阶段的教育实践目标。国外，为培养高中生的工程技术能力并激发学生对工程、设计、制造和科学相关课程的兴趣，美国以项目推进形式在高中大力推广 3D 打印机，例如，美国国防高级研究计划局制作实验和拓展项目等。不仅如此，作为预测影响全球教育领域的教学、学习和创造性探究新兴技术的权威报告，新媒体联盟地平线报告在基础教育、高等教育和图书馆教育的三个版本中，连续两年将教育应用中主流技术的重要进展聚焦到 3D 打印上。

天性活泼的孩子们最喜欢的活动之一就是涂鸦,他们拿着蜡笔,在沙发、冰箱、餐桌、墙壁上随手涂画。西班牙设计师 Bernat Cuni 联想到了最流行的 3D 打印技术可以将孩子们的画作变成真实的雕塑永久珍藏,于是推出了 Crayon Creatures 的服务,如图 3.1.2.1。

Crayon Creatures 是一家致力于将孩子的信手涂鸦 3D 打印成彩色实物的在线平台。该公司通 3D 建模,将平台上的各种涂鸦转换为空间形态,制作出来后寄给用户。这样既可以将孩子的画制作成实物玩具给孩子一个惊喜,同时实物也更容易保存,孩子长大之后这些物品会为他们留下记忆。

图 3.1.2.1　Crayon Creatures 制作的模型玩具

二、制造设计行业的应用

(1)产品设计领域　工业设计师的设计造型观必将随着时代、科技和人文艺术的发展而更新。随着 3D 打印技术的发展与应用,产品的生产方式已不再是设计师想象力的束缚。

3D 打印使复杂的产品结构成为可能,同时产品结构设计的一体化趋势逐渐显现。由于目前生产工艺的限制,一般产品大多由若干部件组装起来共同构成产品的主体结构。这种组装结构增加了产品的质量、体积、复杂度和故障概率,同时在生产和装配过程中浪费了大量的材料及能源。3D 打印技术的“加式”方法使产品结构一体化,甚至某些特殊铰接结构可借助辅助性材料一次成型而无需组装,不仅提高了生产效率,也提高了产品的结构强度和可靠性。

(2)模具制造领域　模具行业是一个跨度非常大的行业,它与制造业的各个领域都有关联。在现代社会,制造和模具是高度依存的,无数产品的部件都要通过模制(注射、吹塑和硅胶)或铸模(熔模、翻砂和旋压)来制造。无论什么应用,制造模具都能在提高效率和利润的同时保证质量。

传统的模具制造方法周期长、成本高,一套简单的塑料注塑模具其价值也在 10 万元以上。设计上的任何失误反映到模具上都会造成不可挽回的损失。与数控加工相比,3D 打印制造技术可以更快更方便地制造出各种复杂的原型。将 3D 打印制作的样件用于模具制造,一般可使模具制造的成本和周期减少一半，显著提高生产效率。间接用 3D 打印样件实现快速模具制造的方法一般有硅胶模、环氧树脂模、金属冷喷涂等。由于锻造方法常用来制造形状很复杂的零件，所以 3D 打印与传统的锻造方法相结合，可解决传统铸造加工困难的瓶颈问题。

3D 打印，使得模具生产周期缩短，制造成本降低，便于模具的改进和优化设计。如图 3.1.2.2 和图 3.1.2.3，是缸盖气道和水套的组合芯，利用激光烧结技术一次烧结成型，提高了组模精度，成型时间仅用 19 小时。缸盖外模可用传统方法制作，这样就大大缩短了缸盖的研发时间，从 CAD 设计到缸盖铸件的完成只需约 20 天。

图 3.1.2.2 发动机缸盖

图 3.1.2.3 发动机缸盖铝铸件

针对某些特定的几何形状，尤其是当使用的材料非常昂贵，而传统的模具制造导致材料报废率很高的情况下，3D 打印具有成本优势。此外，3D 打印在几个小时内制造出精确模具的能力也会对制造流程和利润产生积极的影响。尤其是当生产停机或模具库存十分昂贵的时候。3D 打印的灵活性使工程师能够同时尝试无数次的迭代，并可以减少因模具设计修改引起的前期成本。

此外，它能够整合复杂的产品功能，使高功能性的终端产品制造速度更快、产品缺陷更少。例如，注塑件的总体质量要受到注入材料和流经工装夹具的冷却流体之间热传递状况的影响。如果用传统技术来制造的话，引导冷却材料的通道通常是直的，从而在模制部件中产生较慢的和不均匀的冷却效果。而 3D 打印可以实现任意形状的冷却通道，以确保实现随形的冷却，更加优化且均匀，最终实现更高质量的零件和较低的废品率。

三、医学行业的应用

3D 打印技术在打印牙齿、骨骼修复等方面的技术已经比较成熟。由于每一个人的牙齿都不一样、每一位病人的骨骼损坏程度也不一样，采用传统修复方法，不但成本高，而且耗费时间长。而 3D 打印技术正好可以解决这种个性化、复杂化、高难度的技术需求。3D 打印巨头 Stratasys 公司最近开发出了一种名为 Veroglaze 的材料，可用于打印牙冠、制造诊断蜡型和其他牙齿相关对象；比利时哈塞尔特大学的科研人员们已经成功为一名 83 岁的老妇人植入了 3D 打印而成的下颌骨（图 3.1.2.4），这也是世界

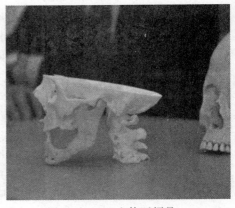

图 3.1.2.4 人体下颌骨

上首次完全使用定制植入物代替整个下颚。

四、文物科研行业的应用

3D 打印技术在考古文物领域主要用于修复已经破损的古文物。在应用 3D 打印技术进行文物修复时，需要使用 3D 扫描仪扫描破损文物，完成数据采集，并处理数据，建立相应的模型之后进行打印，如图 3.1.2.5 所示为杭州铭展科技有限公司采用 3D 打印技术修复的天龙山石窟的石像。

图 3.1.2.5　天龙山石窟的破损石像和复原石像对比图

五、建筑行业的应用

Joseph Pegna 是第一个尝试使用水泥基材进行建筑构件 3D 打印的科学家，其方法类似于选择性沉积法：先在底层铺一层薄薄的砂子，然后在上面铺一层水泥，采用蒸汽养护使其快速固化成型。而当前应用于建筑领域的 3D 打印技术主要有三种：D 型工艺、轮廓工艺和混凝土打印。如图 3.1.2.6 所示为 3D 打印制作构件组装的房屋。

近日，上海盈创新材料公司通过 3D 打印机成功"试印"出了十栋实体房屋，在上海张江高新青浦园区内交付使用，作为当地动迁工程的办公用房。这些"打印"出来的建筑墙体是用建筑垃圾制成的特殊"油墨"，按照电脑设计的图纸和方案，经一台大型的 3D 打印机层层叠加喷绘而成，10 幢小屋的建筑过程仅花费 24 小时。在该公司董事长马义和看来，3D 打印会像数码相机替代胶片相机那样，颠覆传统的建筑行业。

当然，3D 打印技术在建筑行业中，还可以用来制作一些建筑的模型，只要提供建筑的设计图，工程师会根据您的设计图生成可 3D 打印的文件，不仅能够省去徒手制作建筑模型的耗费时间，还能利用 3D 打印技术捕捉建筑的细节。这种方法快速、成本低、环保，同时制作精美，完全合乎设计者的要求，同时又能节省大量材料。

六、食品行业的应用

3D 打印在食品领域也有成功的应用，美国泰尔基金会近日已投资成立了"鲜肉 3D 打印技术公司"，希望能够为大众提供安全放心的猪肉产品（图 3.1.2.7）；德国科技公司 Bio-zoon 最近推出了一种叫"Smoothfood"的 3D 打印食品，以解决老人的进食困难问题，这种食品的制作方法是：将食品原料液化并凝结成胶状物，然后通过 3D 打印技术制造出各种各样的食物，这种食物很容易咀嚼和吞咽，很可能成为老人护理行业的革新者，国内福建省蓝天农场食品有限公司利用 3D 打印技术做出色彩缤纷的个性化饼干，受到儿童和年轻女孩的喜爱,市场销路非常好。

图 3.1.2.6 3D 打印的建筑
构件和用构件组装的房屋

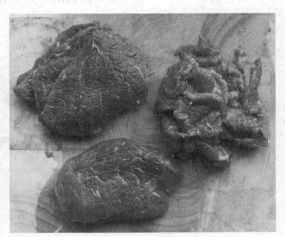

图 3.1.2.7 3D 打印鲜肉

项目二 FDM 型 3D 打印机的使用

3D 打印机的工作过程:创建模型,先用三维软件(如 Rhino3D、Proe、3dMax、CAD、UG、Solidworks…)把你的想法绘制成模型数据导出 .STL 文件,然后使用专业切片软件把数据模型转换成 3D 打印机能读取的 G 代码文件;将 G 代码文件导入专用的打印机驱动软件,然后给喷头加热,开始打印;取出打印完成的模型,去除支架材料多余部分,进行细加工,精美的模型就完成了。即首先要三维建模保存成 .STL 格式;然后利用 3D 打印机自带的软件转化成机械语言和设置参数;最后利用电脑将设置好参数的文件传输到 3D 打印机或保存到存储卡上,再打印,就可以快速形成实体 3D 模型了。下面就分别介绍我们配置的3D 打印机的操作使用。

任务一 FORMAKER 打印机驱动软件的安装

西通 FORMAKER 打印机(图 3.2.1.1)是将 FDM(基于熔丝沉积制造工艺)3D 打印、激光打印、CNC 打印和 PCB 打印集为一体的一款多功能的 3D 打印机。可以在一台打印机上通过更换部分零部件,实现多种打印模式,从根本上解决了打印的单一性。它与计算机通过 USB 线连接在线打印,或是通过 SD 卡脱机打印,脱机打印比在线打印更稳定一些。

一、FORMAKER 打印机介绍

(1) 3D 打印机参数

打印机总体积:320mm×467mm×381mm

包装尺寸:565mm×430mm×535mm

重量(含外包装):15kg

图 3.2.1.1 FORMAKER 打印机外形

构建最大尺寸：225mm×145mm×125mm

输入电压：220V/110V

功率：360W

喷头挤出流量：大约是 24cc/h

支持操作系统：Windows7/8（32 位/64 位）、Windows 10

软件：ReplicatorG 或 西通汉化版（可兼容于 MakerWare 软件）

打印原料：ABS，PLA

原料属性：3D 打印专用 ABS 和 PLA（独家特质配方）

层精度：0.1～0.5mm

定位精度：X、Y 轴 0.011mm

细丝直径：Z 轴 0.0025mm

喷嘴直径：0.4mm

运动轴速度：30～ 100mm/s

推荐喷头移动速度：35～40mm/s

输入文件类型：STL，gcode

（2）激光打印机参数

激光头功率：3W

激光头电压：12V

激光头光斑：0.1mm

（3）CNC 打印机参数

电机转数：最高 30000r/min

电机电压：0～48V（与转数相关，电压越大转数越大）

冷却方式：风冷

（4）PCB 打印参数

线距：0.3mm

线宽：0.4mm

二、安装切片软件

切片软件有许多种，根据自己购买的打印机型号确定。本机使用的是 Makerware 软件，它的作用就是将 .STL 格式的三维图数据转化成 3D 打印机的机器语言和设置参数。

图 3.2.1.2　读取 SD 卡

（1）拿出 SD 卡读取 SD 卡里面的打印机驱动，寻找 3dsetup 文件夹（图 3.2.1.2）。

（2）打开 3dsetup 文件夹寻找 software 文件（图 3.2.1.3）。

图 3.2.1.3　software 文件

（3）右击打开 software 文件，进入软件安装管理器（图 3.2.1.4）。

图 3.2.1.4　软件管理器

（4）点击 Makerware 将会出现不同电脑系统所使用的软件驱动，对应你自己的电脑系统找寻适合自己的打印机驱动，然后点击自动安装（图 3.2.1.5）。

图 3.2.1.5　Makerware 软件

（5）点击 Makerware 软件中的自动安装再点击"Next"按钮（图 3.2.1.6）。

（6）接着再点击"Next"按钮（图 3.2.1.7）。

（7）接着再点击"I Agree"按钮（图 3.2.1.8）。

（8）在点击"I Agree"按钮后稍等过程中电脑会弹出图 3.2.1.9 所示对话框，请点击下一步。

（9）点击完下一步后电脑会连续五次出现如图 3.2.1.10 所示提示，请点击"始终安装此驱动程序软件"。

（10）点击五次"始终安装此驱动程序软件"按钮后程序基本完成安装，同时电脑会弹出对话框，请详细查看程序是否都安装成功（查询方法：查看弹出的对话框中 Driver Name 栏中，全部都是对号表明软件安装成功，若有×号或者！号的一律视为没有安装成功），查询完毕后点击"完成"。

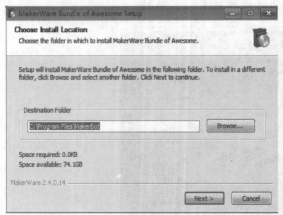

图 3.2.1.6　自动安装

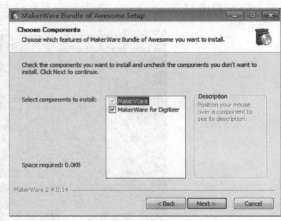

图 3.2.1.7　安装过程

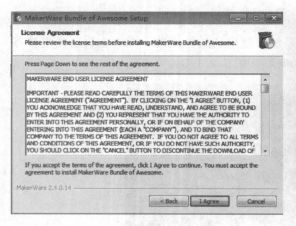

图 3.2.1.8　同意对话框

图 3.2.1.9　下一步对话框

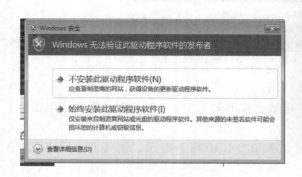

图 3.2.1.10　点击五次

图 3.2.1.11　完成

（11）点击完成（图 3.2.1.11）后主页面的"Close"按钮开始亮起，点击"Close"按钮，电脑"Makerware"打印软件安装基本完成，如图 3.2.1.11 所示。

三、Makerware 软件的使用

（1）Makerware 软件功能界面，如图 3.2.1.13 所示。

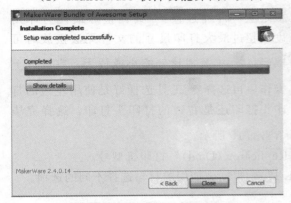

图 3.2.1.12 "Close" 按钮

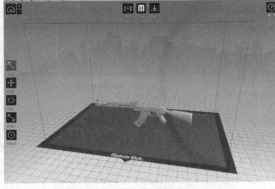

图 3.2.1.13 软件功能界面

（2）功能键介绍见表 3.2.1.1。

表 3.2.1.1 功能键介绍

图标	功能	图标	功能	图标	功能
Look	文件查看工具	Move	文件位置摆放工具	Turn	文件旋转工具
Scale	文件比例调节工具	Object	左右头工具选项	Add	添加文件工具
Make	文件切片生成工具	Save	文件保存工具	Home View	视图放大缩小工具
Help!	软件功能介绍帮助				

注意：所有工具在使用之前必须先用鼠标左击文件使其外框变色才可以正常使用，如图 3.2.1.14 和图 3.2.1.15 所示，图 3.2.1.15 为正确图片。

图 3.2.1.14 打开了但未点击选中

图 3.2.1.15 打开了并已点击选中

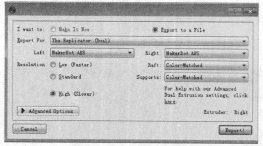

图 3.2.1.16　参数设置

（3）切片生成参数，经过 ⊞ 工具打开 STL 文件后使用 ✛ 工具把文件摆放到水平面板之上，再经过 ⟳ 工具调整好最佳打印角度，超过最大打印尺寸的文件无法摆放时可以经过 ◥ 工具成比例缩小或放大，完成以上操作后再选择 ⓘ 工具选择好是使用左边的打印头打印还是右边的打印头打印，选择完毕后再点击 Ⓜ 工具将会出来详细参数设置，如图 3.2.1.16 所示。

此界面 Export for 选项中必须选择"The Replicator（Dual）"打印机型号。

在下面的 Left 与 Right 选项中（图 3.2.1.17），根据你使用的材料选择不同的选项。

图 3.2.1.17　喷头材料选择

Raft 工具是让打印机在打印之前在打印机承料台上打底。

Supports 工具是正对悬空的图形由软件自动添加支持材料以确保打印能够顺利完成。

Resolution 工具下有三个选项，具体打印可根据个人要求选择不同的打印精度。Low（Faster）粗糙，Standard 标准，High（Slower）精细。官方建议标准打印即可。

点击 Advanced Options 工具进入打印参数设置，如图 3.2.1.18 所示。

Profile：此工具后面对应的也是三个选项，粗糙、标准、精细，根据个人要求选择，官方建议标准打印即可。

Slicer：有三个选项，分别是 Quality、Temperature 与 Speed。

Quality：详细精度参数，Infill 为填充率，Number of Shells 为壁厚，Layer Height 为精度。每个选项的数据可根据个人要求调整，官方建议参数如图 3.2.1.18 所示。

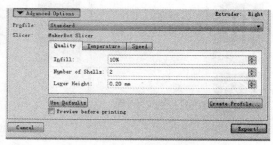

图 3.2.1.18　打印参数设置

Temperature：温度选项，如图 3.2.1.19 所示。

Left Extruder 左边喷嘴，Right Extruder 右边喷嘴，Build Plate 加热底板，根据所选择的材料选择不同的温度。

官方建议：ABS 材料，喷嘴 220～230℃、底板 110℃；PLA 材料，喷嘴 205～210℃，底板 40～60℃；Speed 为速度选项，速度最大建议不要超过 80m/s，如图 3.2.1.20 所示。

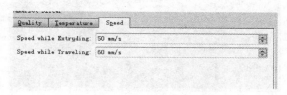

图 3.2.1.19　温度参数选择　　　　　　　图 3.2.1.20　速度参数选择

官方建议速度：ABS 材料建议速度，上 30～35mm/s、下 40～45mm/s；PLA 材料建议速度，上 50～55mm/s、下 55～60mm/s。

完成以上设置后点击 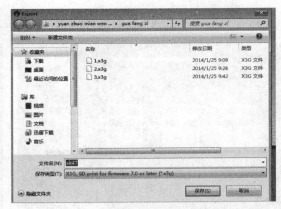 按键会弹出路径选择对话框，请选择一个地址保存文件（图 3.2.1.21）。按保存键后软件右下角会出现进度条，等待进度条消失后去保存文件的地方，一定要重命名，在文件名前添加 3D，如 3Dlaoshu. x3g，用 SD卡拷贝已经生成的 X3G 格式的文件，直接插上打印机开始打印。

图 3.2.1.21　参数设置后文件保存地址

任务二　FORMAKER 打印机的基本操作

一、LED 触摸屏功能说明

1. 菜单项目功能说明

LED 触摸屏为电阻触摸屏，可直接按压触摸。

表 3.2.2.1 为菜单选项的简单说明。

表 3.2.2.1　菜单选项的简单说明

菜单选项		功能	说　明
Build from SD		SD 卡打印	从 SD 卡选择 .S3G 或 .X3G 文件进行打印
Preheat		预热	启动预热
Utilities		工具	进入辅助工具子菜单
	Monitor Mode	监控模式	进入监控界面,监控喷头和底板的温度
	Change Filament	丝料更换	根据屏幕提示进行丝料更换
	Lever Build Plate	打印平台调平	根据屏幕提示进行打印平台调平
	Home Axes	返回原点	喷头运行到 X、Y、Z 轴原点位置
	Jog Mode	点动模式	点动控制 X、Y、Z 轴电机
	Run Startup Script	运行向导程序	运行第一次开机的向导程序
	Enable Steppers	使能电机	使能/关闭全部电机
	Blink LEDs	LED 开关	LED 开关（未使用）
	Exit Menu	返回主菜单	返回主菜单
Info and Settings		参数与设置	进入参数设置菜单
	Bot Statistics	设备信息	查看设备的运行时间统计
	General Settings	常规参数设置	常规参数设置
	Preheat Settings	预热参数设置	预热参数设置
	Version Number	版本编号	查看版本编号
	Restore Default	恢复默认设置	恢复出厂默认参数设置
	Exit Menu	返回主菜单	返回主菜单

2. 主菜单

机器接电后，显示主菜单界面，如图 3.2.2.1 所示。

3. SD 卡打印

选择对应功能进入 SD 卡文件浏览（图 3.2.2.2），直接选择文件打印。

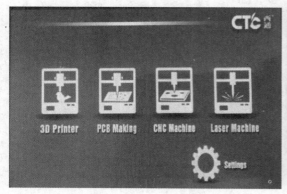

图 3.2.2.1　主菜单

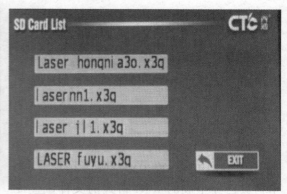

图 3.2.2.2　SD 卡文件选择

4. 设置

图 3.2.2.3　设置界面

选择"Settings"进入设置界面（图 3.2.2.3）。

5. 预热

选择"Preheat"进入预热操作（图 3.2.2.4），直接触摸"on/off"按键选择左右打印头和加热平台，触摸"Preheat！"机器开始预热。

6. 辅助工具子菜单

选择"Utilities"进入辅助工具子菜单（图 3.2.2.5）。

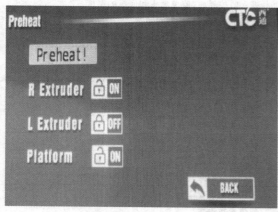

图 3.2.2.4　预热

图 3.2.2.5　辅助工具子菜单

（1）监控模式　选择"Monitor Mode"进入监控界面，监控目前喷头和平台的温度。此功能主要是针对 FDM 3D 打印功能。

（2）丝料更换　选择"Change Filament"进行丝料更换操作，根据屏幕的提示先退出喷头上的丝料，再插入新的丝料。此功能主要是针对 FDM 3D 打印功能。

（3）打印平台调整　选择"Level Build Plate"进行打印平台调平，根据屏幕的提示进行操作。打印平台出现不平衡的时候才需要进入此界面进行调整，正常情况下，只需要在第一次使用时调整。

（4）返回原点　选择"Home Axes"控制喷头返回机械原点坐标位置。

（5）点动模式　选择"Jog mode"进入点动控制界面（图 3.2.2.6），通过对应的"—"和"＋"键选择移动对应的 X、Y、Z 轴方向。

（6）运行向导程序　选择"Run Startup Script"，打印机会自动运行第一次开机时的使用向导程序。进入"运行向导程序"无退出返回键，必须按流程走完全部的流程，若需要强制退出，只能开机重启。

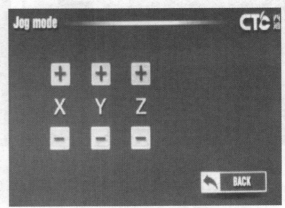

图 3.2.2.6　点动控制界面

（7）使能电机　选择"Disable Steppers"，将使能三个轴的电机。

7. 参数与设置子菜单

选择"Info and Settings"进入参数与设置子菜单（图 3.2.2.7）。

（1）常规参数设置　选择"General Settings"进入常规参数设置界面（图 3.2.2.8），可通过触摸按键选择参数。

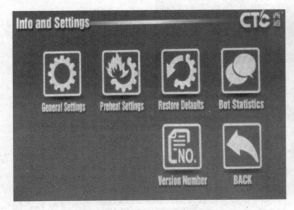

图 3.2.2.7　参数与设置子菜单

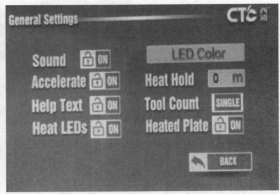

图 3.2.2.8　常规参数设置界面

选择"LED Color"可进入 LED 颜色选项，但该功能未使用，故修改参数也无法改变 LED 颜色。

（2）预热参数设置　选择"Preheat Settings"进入预热参数设置界面（图 3.2.2.9），触摸白色方形区域通过键盘输入参数。此功能主要是针对 FDM 3D 打印功能。

（3）恢复默认设置　选择"Restore Defaults"，可以恢复出厂参数设置。

（4）设备信息　选择"Bot Statistics"进入设备信息界面（图 3.2.2.10），查看打印机的总打印时长和最后一次打印时长。

（5）版本编号　选择"Version Number"，可以查看运行软件的版本号。

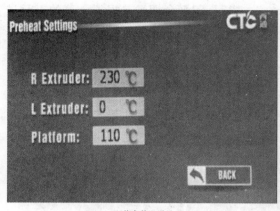

(a) 预热参数设置界面   (b) 预热参数设置键盘界面

图 3.2.2.9 预热参数设置

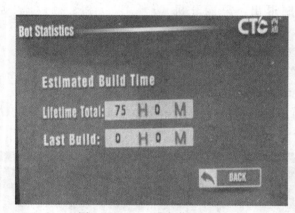

图 3.2.2.10 设备信息界面

二、FORMAKER 打印机的操作

（1）开机，选择 Settings（图 3.2.2.11）。

（2）选择 Utilities（图 3.2.2.12）。

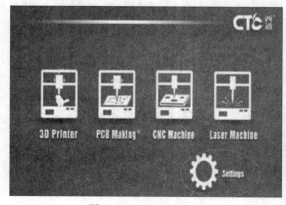

图 3.2.2.11 Settings

图 3.2.2.12 Utilities

（3）选择 Change Filament（图 3.2.2.13）。

（4）选择 R Extruder—Load（图 3.2.2.14）。

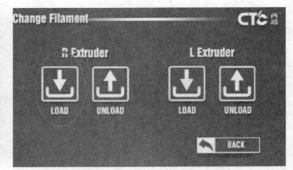

图 3.2.2.13　Change Filament　　　　　　　　图 3.2.2.14　R Extruder—Load

（5）打印头加热（图 3.2.2.15），100％之后打印喷嘴出丝料，待出丝正常之后，一直点击 NEXT，结束出丝料。

（6）选择 Level Build Plate（图 3.2.2.16）。

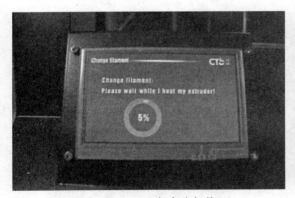

图 3.2.2.15　打印头加热　　　　　　　　图 3.2.2.16　Level Build Plate

调整打印平台（见教学资料中视频），打印平台是通过调整平台地下的四颗蝴蝶螺母的松紧，调节平台的水平、高度（图 3.2.2.17）。

待打印平台上升到最高点，并停稳。点击 NXET，打印头向前移动，微调打印平台底板下方的四颗蝴蝶螺丝，保持喷嘴与平台的间距在 0.3mm 左右。同样的方式，调节后、左、右、中间的喷嘴与平台的间距。

调节好之后，建议点击 Home Axes，打印头回原点，可以检查喷嘴是否刮到打印平台。如果底板的美纹胶有划痕，表明喷嘴已经刮到打印平台，应立即调整降低打印平台的高度。

（7）选择 3D Printer　选取需要打印的文件（3D Printer 的文件名前必须要有 3D/3d 前缀），进入常规打印开始打印界面见图 3.2.2.18。

三、PCB Machine

（1）将 PCB 打印头固定到夹具上，使用 4 颗黑色螺丝固定，见图 3.2.2.19～图 3.2.2.21。

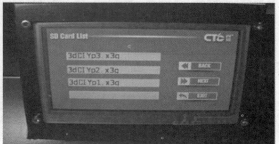

图 3.2.2.17　平台调整

图 3.2.2.18　开始打印界面

图 3.2.2.19　PCB 打印头

图 3.2.2.20　PCB 打印头安装

使用螺丝，将电机以及夹具固定到打印架上（为了防止被刮伤，建议先安装电机如图 3.2.2.22 所示，之后再安装刀具，刀具外露的长度约 10mm，如图 3.2.2.23 所示）。

（2）放上物料，选择 PCB 文件打印，点击 PCB Making 进入一个警告界面，点 Next

图 3.2.2.21　打印头固定到夹具上

图 3.2.2.22　安装电机

进入文件列表，点击文件列表选择需要打印的文件（文件名字前必须有 PCB 前缀），确认打印的外轮廓与物料的尺寸匹配（图 3.2.2.24）。

图 3.2.2.23　安装刀具

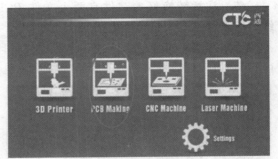

图 3.2.2.24　PCB 文件打印

（3）进入打印后，会弹出界面选择是否调整高度，如图 3.2.2.25 所示，（选择"YES"则在打印头停留在第一个打印点上时，可以调整高度，选择"NO"则打印头停留在第一个打印点后，自动上升到固定位置开始打印）。

（4）选择"YES"后，进入调整高度界面（Minitrim：微调，Adjustment：调整），调整要在打印头到达第一个打印点后（有声音提示），才能进行高度调整，如图 3.2.2.26 所示。

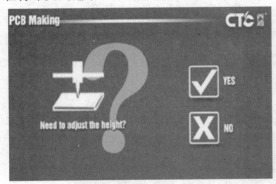

图 3.2.2.25　调整高度选项

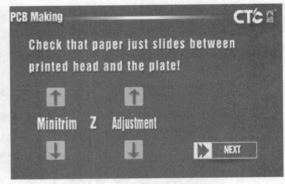

图 3.2.2.26　调整高度界面

高度调整，打印头刀具与物料间距约 10mm 为准。调好后，点击"NEXT"开始打印。确认物料与电机的实际打印尺寸相匹配，并预留足够的位置固定物料。

（5）使用铝块夹具（图 3.2.2.27）、螺丝，在打印底板上固定需要雕刻的板材，如图 3.2.2.28 所示。

图 3.2.2.27　铝块夹具

（6）再次操作（3）、（4）、（5）步骤进行高度调整，直到打印头刀具与物料接触为准。调好后，点击"NEXT"开始打印。

（7）注意转换好的文件有两个文件 PCBXXX. X3G 和 PCBXXXdring. X3G，前者是画线，后者是钻孔。打印完之后，将电机电源关闭，换上钻孔的铣刀（图 3.2.2.29，也可以不换，根据实际打印效果选择，参照最终打印物，若不换铣刀，则直接选择"NO"进入打印），然后选择后者文件，重新调整高度，进入打印。

图 3.2.2.28　板材固定

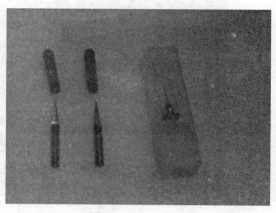

图 3.2.2.29　铣刀

电机因为外部供电，可在正式进入打印前再打开电机电源。刀具锋利，在使用操作过程中时刻要注意，以防出现意外手受伤！

四、CNC Machine

（1）将 CNC 电机固定到夹具上，使用 4 颗黑色螺丝固定（图 3.2.2.30、图 3.2.2.31）。

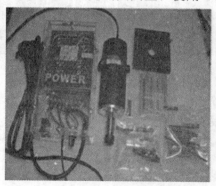

图 3.2.2.30　电机固定

图 3.2.2.31　固定夹具

（2）拆下打印平台底下的 4 颗蝴蝶螺丝，并卸下打印平台（图 3.2.2.32）。

（3）使用螺丝，将电机以及夹具固定到打印架上（为了防止被刮伤，建议先安装电机，之后再安装刀具，刀具外露的长度约 10mm，图 3.2.2.33）。

（4）如图 3.2.2.34 所示，放上物料，选择

图 3.2.2.32 拆卸打印平台

图 3.2.2.33 夹具固定

CNC 文件打印，点击 CNC Machine 进入一个警告界面，点 NEXT 进入文件列表，点击文件列表选择需要打印的文件（文件名字前必须有 CNC 前缀），确认打印的外轮廓与物料的尺寸匹配。

（5）进入打印后，会弹出界面选择是否调整高度，（图 3.2.2.35，选择"YES"则在打印头停留在第一个打印点上时，可以调整高度，选择"NO"则打印头停留在第一个打印点后，自动上升到固定位置开始打印）。

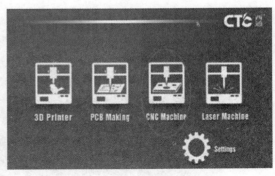

图 3.2.2.34 CNC 文件打印

（6）选择"YES"后，进入调整高度界面（图 3.2.2.36，Minitrim：微调，Adjustment：调整），调整要在打印头到达第一个打印

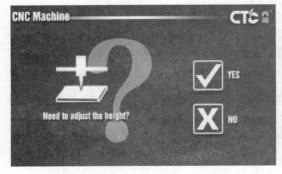

图 3.2.2.35 调整高度界面选择

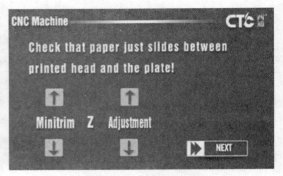

图 3.2.2.36 调整高度界面

点后（有声音提示），才能进行高度调整。

高度调整，打印头刀具与物料间距约 10mm 为准。调好后，点击"NEXT"开始打印。确认物料与电机的实际打印尺寸相匹配，并预留足够的位置固定物料。

（7）使用铝块夹具（图 3.2.2.37），螺丝，在打印底板上固定需要雕刻的板材（图 3.2.2.38）。

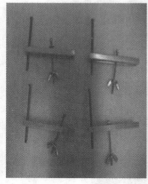

图 3.2.2.37　铝块夹具　　　　　　　　图 3.2.2.38　固定雕刻的板材

（8）再次操作高度调整，打印头刀具与物料接触为准。调好后，点击"NEXT"开始打印。

五、Laser Machine

（1）将激光器放到夹具上，使用螺丝固定（图 3.2.2.39）。

图 3.2.2.39　激光器固定

（2）拆掉打印头固定螺丝，装上激光器，再使用螺丝固定（图 3.2.2.40）。

（3）激光器插头插入插口内（图 3.2.2.4，若不使用激光 Laser 功能时，请将插头拔出）

（4）如图 3.2.2.42 所示，选择 Laser 文件打印，点击 Laser Machine 进入一个警告界面，点 NEXT 进入文件列表，点击文件列表选择需要打印的文件（文件名字前必须有 Laser 前缀）。

（5）进入打印后，会弹出界面选择是否调整高度，（图 3.2.2.43，选择"YES"则在打印头停留在第一个打印点上时，可以调整高度，选择"NO"则打印头停留在第一个打印点后，自动上升到固定位置开始打印）。

图 3.2.2.40　激光器的安装

图 3.2.2.41　固定激光器

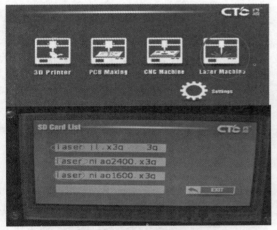

图 3.2.2.42　Laser 文件打印准备

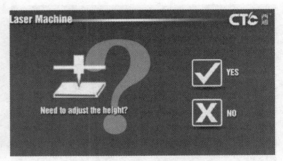

图 3.2.2.43　调整高度界面

　　（6）选择"YES"后，进入调整高度界面（图 3.2.2.44，Minitrim：微调，Adjustment：调整），调整要在打印头到达第一个打印点后（有声音提示），才能进行高度调整。

　　高度调整，以打印头刚好碰到为准。调好后，点击"NEXT"开始打印，打印平台会自动下降一定高度（图 3.2.2.45，激光器的焦点）。

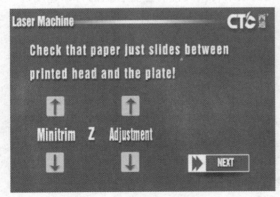

图 3.2.2.44　调整高度界面

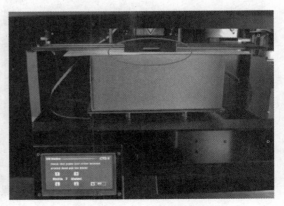

图 3.2.2.45　开始打印

（7）若有购买亚克力板，可将其罩在打印机外（图 3.2.2.46），或在打印时使用眼镜（图 3.2.2.47），以防工作时激光光线伤到眼睛。

图 3.2.2.46　防护

（8）打印中（图 3.2.2.48）。

图 3.2.2.47　防护目镜

图 3.2.2.48　打印

图 3.2.2.49　打印完成作品

（9）打印完成后（图 3.2.2.49），激光器光会自动关闭，打印头返回到原点（本例中打印文件为 Laser _ niao1600. X3G，可根据打印的效果转换文件时设置合适的打印速度）。

若 Laser 打印物体为木头、纸等，人请不要离开，以免发生意外着火！

六、打印头的更换及使用

更换打印头，在没有安装固定好打印头之前，不要打开电源。更换打印头的过程中一定要断开电源。

1. 激光打印头更换

（1）从打印头的底部两边拆下两颗固定螺丝，卸下打印头。

（2）固定激光头。将激光头与夹具组装好，用螺丝固定好，将夹具装到打印头上，从底部固定好两颗固定螺丝。

（3）开机，进入 Laser 功能，选择 Laser 打印文件。

（4）进入打印界面后，选择调整高度。若上次使用的是此功能，且激光器及平台高度与上次一致，可选择不要调整高度，即直接在初始化后进入打印（YES：手动调节，NO：与上次打印高低一致）。

调整高度时，在打印物上放一张纸，调整 Z 轴到合适的位置（Adjustment：粗调，Minitrim：细调），使得打印头与打印物之间正好相隔一张纸。

（5）点击界面 NEXT，开始正式进入打印。

（6）打印完成后，打印机会有打印完成提示音。

2. 激光注意事项

（1）更换打印头时，关闭电源，激光头的电源一定要断电，避免误伤。

（2）工作时，请勿直接观看激光源，特别是小孩，防止光源影响到眼睛。

（3）工作完成后，为了延长激光头的使用寿命，建议关闭电源。

（4）材料：纸（低反光系数），木头，亚克力板（注意亚克力板的颜色）。

（5）工作平台一定要调平，五个方向，前后左右中间。

3. CNC（PCB）打印头更换

（1）从打印头的底部两边拆下两颗固定螺丝，卸下打印头。

（2）更换打印头，拆下电机刀具固定螺丝将电机用螺丝安装固定到夹具上，然后将其安装到打印头上，从底部固定好两颗固定螺丝。先固定电机，刀具可在确定开始打印前固定，避免误伤。

（3）手动将打印头移到原点。将 CNC（PCB）打印材料放在打印平台。若为 CNC 打印，则需要把加热底板拆下，拧加热板下的四个螺钉即可。

（4）开机，进入 CNC（PCB）功能，选择需要打印的 CNC（PCB）文件。

（5）进入打印界面后，放入打印材料，选择调整高度，以不碰到打印材料为准，（若上次使用的是此功能，可选择不要调整高度，即直接在初始化后进入打印），选择打印，调节打印材料的位置，检查打印文件尺寸的位置。

（6）关机，等待打印机初始化完成后，用夹具将调整好的打印材料固定好。

（7）使用扳手将刀具安装到打印电机头。

（8）开机，选择打印文件，点击触屏，调整打印平台高度（Adjustment：粗调，Minitrim：细调）。待高度达到材料上的纸碰到刀口，向外轻拉纸张，有阻力即可。

（9）点击界面 NEXT，开始正式进入打印。

4. CNC（PCB）注意事项

（1）操作时建议戴手套。

（2）刀具外露不要过长，建议外露 13mm 左右。

（3）PCB打印时打印平台一定要调平，五个方向，前后左右中间。

（4）先固定好木料，再开机，为了防止刮伤，建议固定木料时，移动电机。

七、维护

1. 清洁打印头

打印机使用一段时间后都要对打印头进行清理，打印头外观如图 3.2.2.50（a）所示，在打印头的底部可以看到两个白色的螺丝在打印头的两端［图 3.2.2.50（b）］，将这两个螺丝拿下后再拿出打印头，如图 3.2.2.50（c）所示。然后拆掉打印头前端风扇下方的两个黑色的内六角螺丝，将风扇和散热片拿掉，如图 3.2.2.50（d）所示。拿掉风扇和散热片后可以看到一块铝条［图 3.2.2.50（e）］，在拿掉风扇后步进电机也可被拿下，这上面就是打印头的挤胶齿轮，如图 3.2.2.50（f）所示。将其拆开清理挤胶齿轮，将挤胶齿轮的齿里面的塑胶清理干净即可安装使用。

图 3.2.2.50　打印头清洁步骤

2. 拉紧皮带

（1）如果发现机器在打印时出现明显的哒哒声或是有错位现象时，可能是机器皮带有松动造成的。检查皮带是否拉紧方法：①用手左右移动喷头时，发现有哒哒声或有下垂。这时需拉紧 X 轴皮带（图 3.2.2.51）。②用手前后移动 X 轴时，发现有哒哒声或有下垂。这时需拉紧 Y 轴皮带（图 3.2.2.52）。

图 3.2.2.51　检查 X 轴皮带

图 3.2.2.52　检查 Y 轴皮带

（2）拉紧皮带的方法如下。

① 首先检查是哪根皮带有松动，皮带有三根，分别是 X 轴一根，Y 轴左右各一根。要

求皮带要严丝合缝地与皮带轮接触，否则就可能造成松动。皮带位置见图3.2.2.53。

(a)X轴方向皮带图

(b)Y轴左方皮带

(c)Y轴右方皮带

图 3.2.2.53　皮带位置

　　② 找出松动的皮带后用两把尖嘴钳分别将皮带左右头夹住，向左右方向拉紧，使皮带严丝合缝的与皮带轮接触，并且要求使 X 轴与 Y 轴必须成直角，如图 3.2.2.54～图3.2.2.57 所示。

图 3.2.2.54　X 轴皮带

图 3.2.2.55　Y 轴左侧皮带

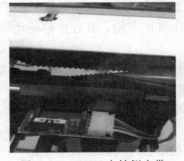

图 3.2.2.56　Y 右轴侧皮带

图 3.2.2.57　X 轴与 Y 轴的皮带成直角

3. 光轴和丝杆维护

　　使用好的润滑剂，将润滑剂图在 X、Y、Z 的轴承钢之上，涂抹量不宜过多，使其表面有少量润滑油即可。如图 3.2.2.58、图 3.2.2.59 所示。

八、常见问题及解决方案

（1）卡丝——丝过粗——拆喷头。

（2）打滑——丝过细——减除一段丝料。

图 3.2.2.58　光轴和丝杆

图 3.2.2.59　涂润滑剂

（3）堵喷头——加热管堵丝——加热部件拆开，加热到 220℃，用镊子取出丝料。

（4）温度异常——热电偶损坏——更换热电偶。

（5）打印错位——螺丝松动——检查螺丝，并旋紧螺丝。

（6）打印样品翘边——底板高度太高——调整底板高度。

（7）无法转 G 代码——机型、喷头数没选择、存储路径不对——选择并更改。

（8）丝料黏在喷嘴上面——支撑材料被喷头拉到——重新设置参数。

（9）不出丝——模型有问题——模型修复后重新转代码和设置参数。

（10）驱动或软件装不上——系统配置有问题——重装系统。

（11）打印样品粘不住平台——喷嘴与平台的距离太大——重新调整平台。

（12）打印机通电后点动所有模式电机均不运动——更换新的打印识别器。

（13）蓝色胶带难取下来——平台加热至 20～30℃ 就可以一次性完整的取下来了。

（14）打印偏移——螺丝紧固后还是偏移，检查打印机皮带轮，看看皮带轮是否在一条平行线上。

（15）温度不正常显示 0—1024——检查热电偶连接，连接正常——需要更换热电偶。

（16）温度显示 NA——检查热电偶连接，连接正常——需要更换热电偶。

（17）X 轴走动不正常，还有抖动现象——X 轴电机线有问题——需要更换 X 轴电机线。

（18）LCD 蓝屏，不显示，开机后突然重启，电机的限位开关触碰后不停止——检查传感器线连接——传感器线连接正常，可能就是传感器线有问题。

（19）风扇不转——先确定温度在 50℃ 以上，用手拨下看看转不转——再不转，可以用螺丝刀检查下接口重新连接，或者用电池测试下，确定有问题，需更换风扇。

（20）电机不会运转——更换电机驱动板。

任务三　FDM 工业级打印机的使用

　　FDM 工业级打印机是一款热熔堆积固化成型设备，可以将在计算机辅助设计软件内设计好的 3D 模型打印成实物。它使用钣金作为整体机箱的全封闭式架构，X-Y-Z 轴运动部件使用了直线导轨及滚珠丝杆，挤出结构设计成双挤出机送料，平台使用了特制玻璃材料。这样的结构使得打印精度更高，使用更稳定，表面更精细，平台震动更小，取模更方便。

一、FDM 工业级打印机

1. 机器参数

喷嘴直径：标配 0.4mm	机器尺寸：590mm×450mm×568mm
层厚：0.05～0.3mm	机器重量：32kg
打印速度：10～300mm/s	包装尺寸：700mm×570mm×680mm
XY 轴定位精度：0.05mm	包装重量：36kg
Z 轴定位精度：0.015mm	成型尺寸：350mm×250mm×300mm
支持材料：ABS、PLA	液晶屏：有
耗材倾向性：PLA	内存脱机打印：支持
材料直径：1.75mm	支持文件格式：STL、G-Code、OBJ
软件语言：中文、英文	操作系统：windows(linux，mac)
模型支撑功能：生成、不生成可选	环境要求：10～30℃，湿度 20%～50%
上位机软件：Cura	

2. 整机各部件名称

图 3.2.3.1 为 FDM 工业级打印机，其各部件名称见图 3.2.3.2。

图 3.2.3.1　FDM 工业级打印机

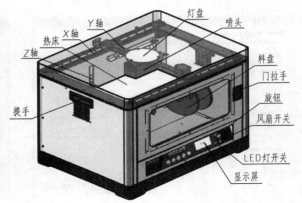

图 3.2.3.2　FDM 工业级打印机内部结构

3. 喷头分解图

喷头分解及各部分名称见图 3.2.3.3。进料套组见图 3.2.3.4。

二、切片软件

本款 FDM 工业级打印机使用 Cura14.07 切片软件。

1. Cura 软件安装步骤（本说明以英文版 Cura 安装为例）

（1）双击程序安装图标 Cura 14.07 打开图 3.2.3.5 所示界面。点击 Browse 选择安装位置，确认位置后，点击 Next 进入下一步。

（2）如图 3.2.3.6 所示，在 select componets to install 选取组件安装对话框中选取前三项：Install Arduino Drivers，Open STL files with Cura，Open OBJ files with Cura。然后点击 Install 开始安装。

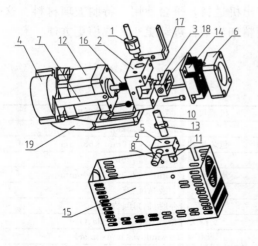

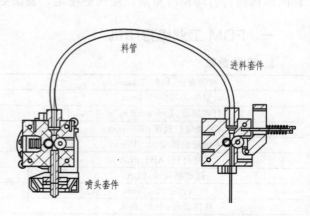

图 3.2.3.3　FDM 工业级打印机喷头分解图

图 3.2.3.4　FDM 工业级打印机进料套组

1—快速接头；2—加工件 A；3—轴承；4—涡轮风扇；
5—加热块；6—风扇；7—钣金件 A；8—K 型热电偶；
9—热敏电阻；10—喉管；11—铜嘴；12—步进电机；
13—六角螺母 M6；14—散热片；15—罩子；16—齿轮；
17—钣金件 B；18—加工件 B；19—调节弹簧

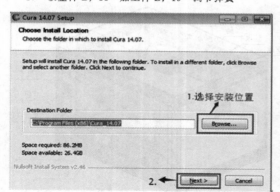

图 3.2.3.5　打开 Cura14.07 软件安装

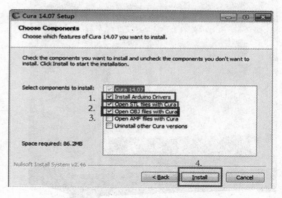

图 3.2.3.6　安装选择

（3）如图 3.2.3.7 所示安装过程中，会跳出一个安装驱动的窗口，如图 3.2.3.8 所示，

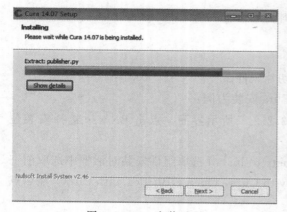

图 3.2.3.7　安装过程

图 3.2.3.8　选择下一步

点击下一步，安装驱动。

（4）安装完成后会弹出如图 3.2.3.9 所示窗口，在 Driver Name 处显示绿色对号表示驱动安装成功，点击"完成"完成驱动安装。随后弹出图 3.2.3.10 所示窗口，在此处点击 Next，进入下一步，显示如图 3.2.3.11 所示界面，至此 Cura 软件安装完成。

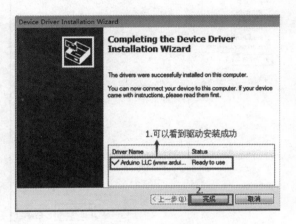

图 3.2.3.9　安装成功

图 3.2.3.10　选择下一步

（5）点击 Cura 图标，运行 Cura 软件，弹出如图 3.2.3.12 所示首次运行向导界面，点击 Next 进入下一步。

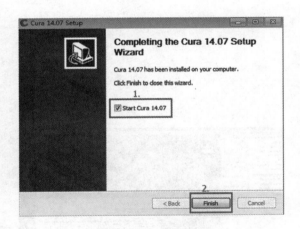

图 3.2.3.11　完成安装

图 3.2.3.12　第一次运行软件

（6）首次运行需要设置设备信息，如图 3.2.3.13 所示是选择机器类型的向导界面。在 What kind of machine do you have 对话框中选 Other（Ex：RepRap，MakerBot）项，在说明中 Submit anonymous usage information 提交使用信息项打钩。点击 Next 进入下一步。

在图 3.2.3.14 设备其他信息中，选 Custom 通用项，点击 Next 进入下一步。

在设备基本信息项中使用的是实际设备的基本信息，如设备的名称，平台的长、宽、高和喷头的直径以及平台加热等选项，设备的设置如图 3.2.3.15。注意 Bed center is 0，0，0（RoStock）平台中心项不能（不打钩）选，点击 Finish。

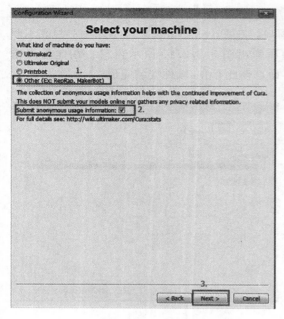

图 3.2.3.13　设置

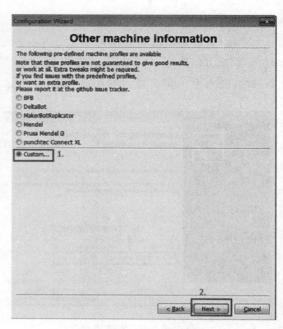

图 3.2.3.14　设备其他信息

　　到了这一步软件就基本安装完成了，然后打开 Cura 软件跳出窗口点 OK，如图 3.2.3.16 所示。

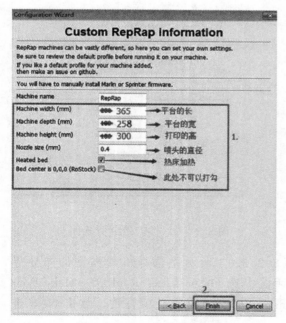

图 3.2.3.15　设备基本信息

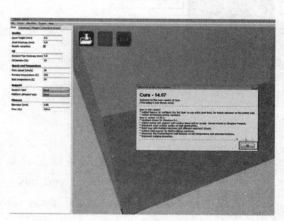

图 3.2.3.16　安装完成

　　(7) 对于软件界面和上述图示不同时的处理。在 Expert 专家模式栏目中，选择完整模式 (Switch to full settings)，如图 3.2.3.17 所示。导入配置文件见图 3.2.3.18，打开配置文件选项 (Open Profile)。

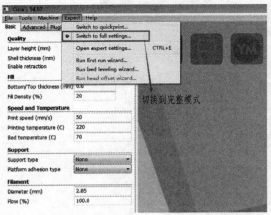

切换到完整模式

图 3.2.3.17 设置不完整的处理

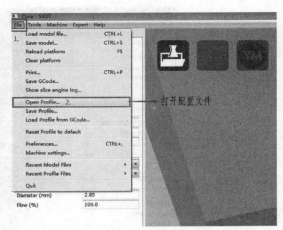

打开配置文件

图 3.2.3.18 打开配置文件

选择配置文件位置，如图 3.2.3.19 所示，将该文件备份到电脑上。

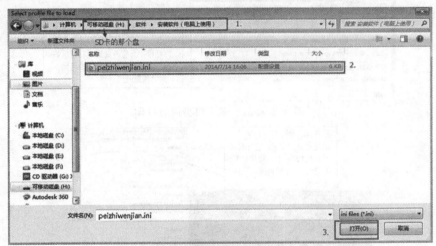

图 3.2.3.19 配置文件

配置文件导入 Cura 后，基础（Basic）和高级（Advanced）中设备规定参数将变为本设备标准打印参数，如图 3.2.3.20 所示。但也可以根据打印产品的需要更改参数，修改方法可参考后面的参数说明。

最后在 Tools 工具栏目中，选择设置多个模型同时打印（Print all at once）项（图3.2.3.21）。

2. 打印参数设置解析

前面已经介绍了设备规定参数的设置，下面是打印机在打印产品时参数的选择，主要有层厚、外壳厚度、顶与底填充密度、打印速度、底部支撑等设置。

（1）如图 3.2.3.22 所示，层厚（Layer height）是指打印机每层打印的厚度，层厚越薄，精度越高，打印时间越长；反之相反。我们一般将层厚设置为 0.2。

（2）外壳厚度设置如图 3.2.3.23 所示，选择标准与打印的时间和喷头的直径有关，外壳厚度是指打印产品外壳的厚度，外壳越薄，影响支撑度和打印时间。一般设置是打印材料直径的整数倍。详见图中文字叙述。

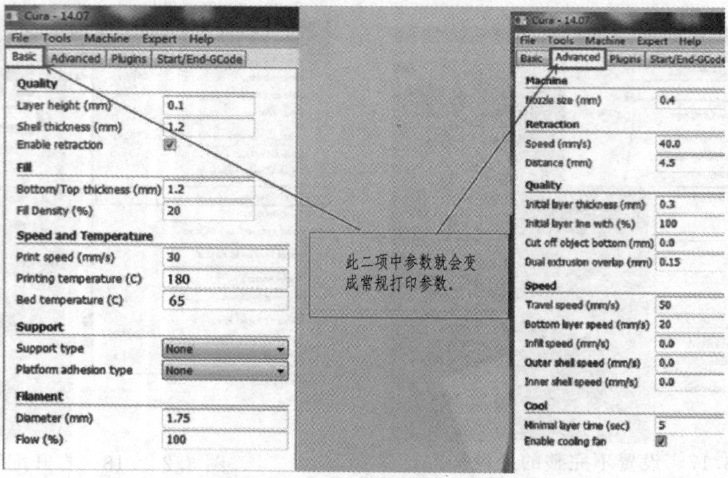

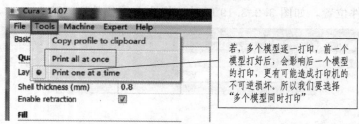

图 3.2.3.20　设备规定参数

图 3.2.3.21　多个模型同时打印

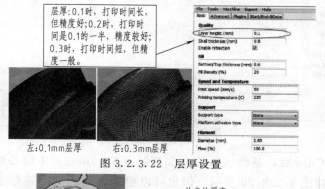

左:0.1mm层厚　　右:0.3mm层厚

图 3.2.3.22　层厚设置

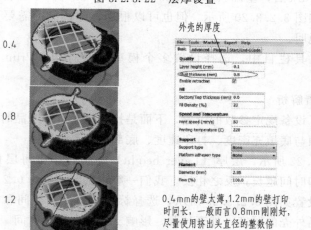

图 3.2.3.23　外壳厚度设置

（3）如果打印的是圆柱体，做成实体既耗材又耗时，实际中都是做成中空的中间有加强筋的圆柱体。所以顶与底部有填充密度要求，选择要求见图 3.2.3.24 和图 3.2.3.25，考虑因素主要是强度、表面光洁度和打印时间，一般设置为 1.2mm。一般情况我们将密度填充为 10%，对强度有要求的模型只需要增加填充密度即可。

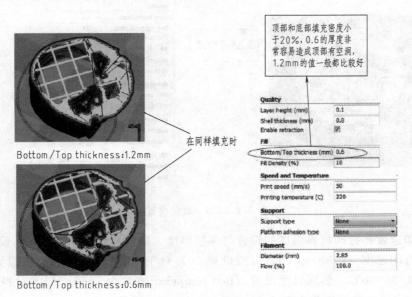

图 3.2.3.24　顶与底填充密度设置

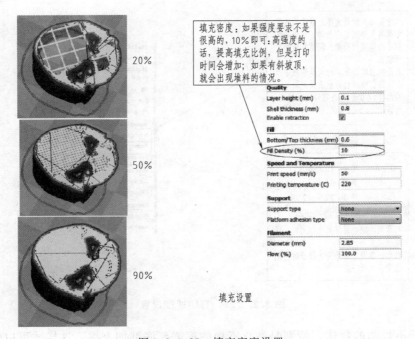

图 3.2.3.25　填充密度设置

（4）退丝设置，是在没有打印任务时候的移动速度，要求没有熔融的材料漏出为目标，在图 3.2.3.26 中选 Enable retraction 项打钩。

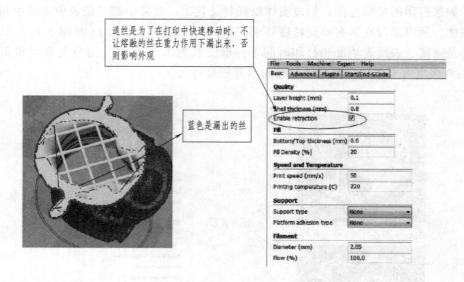

图 3.2.3.26　退丝设置

（5）打印速度和打印材料温度的设置与单层厚度、层数和移动速度有关，设置方法见图 3.2.3.27。打印速度（Print speed）一般设置 50，对于 PLA 材料喷头温度设置（Printing temperature）为 190℃，热床温度设置（Bed temperature）为 70℃；ABS 材料喷头温度设置为 250℃，热床温度设置为 90℃。

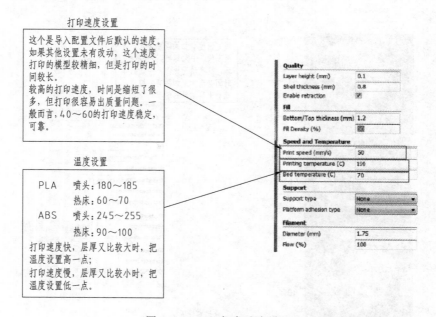

图 3.2.3.27　打印速度设置

（6）对于不规则的物体，特别是站立不稳的都需要底部加支撑，这样才可以保持重心稳定，支撑（Support）设置见图 3.2.3.28。支撑类型有：无、平台接触、所有位置，这 3 种类型是由模型的摆放位置和复杂程度决定的，一般将模型找一个合适的摆放位置，使模型尽可能多与平台接触，然后选择一个合适的支撑类型。

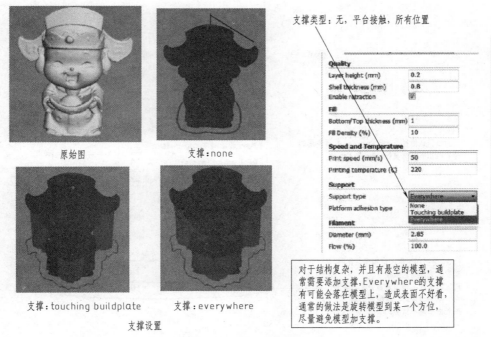

图 3.2.3.28 支撑设置

垫子设置，又叫平台设置，同样的也有三种类型：无、边缘垫子、垫子（底台）。主要功能是：防止平台没有调平和损坏平台美纹纸。一般我们将垫子设置为垫子（底台）类型，见图 3.2.3.29 所示。

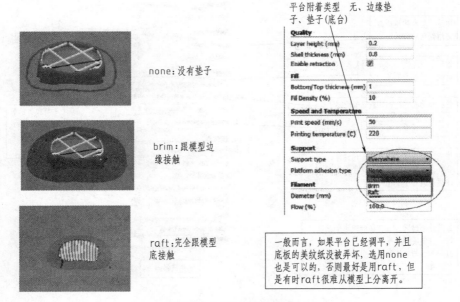

图 3.2.3.29 垫子设置

（7）机器耗材的直径是一定的，它决定了挤出量的多少，具体设置见图 3.2.3.30，其他参数设置见图 3.2.3.31。

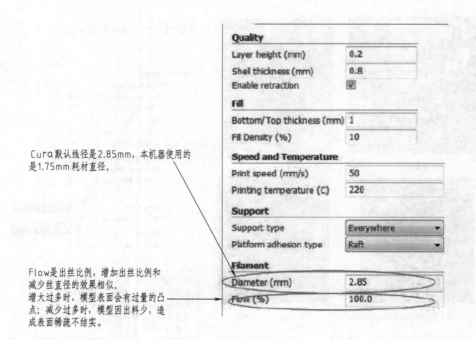

Cura默认线径是2.85mm，本机器使用的是1.75mm耗材直径。

Flow是出丝比例，增加出丝比例和减少丝直径的效果相似。
增大过多时，模型表面会有过量的凸点；减少过多时，模型因出料少，造成表面稀疏不结实。

图 3.2.3.30　线径和挤出量设置

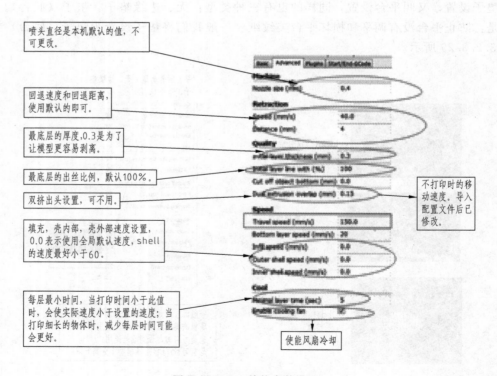

喷头直径是本机默认的值，不可更改。

回退速度和回退距离，使用默认的即可。

最底层的厚度，0.3是为了让模型更容易剥离。

最底层的出丝比例，默认100%。

双挤出头设置，可不用。

填充，壳内部，壳外部速度设置，0.0表示使用全局默认速度，shell的速度最好小于60。

每层最小时间，当打印时间小于此值时，会使实际速度小于设置的速度；当打印细长的物体时，减少每层时间可能会更好。

不打印时的移动速度。导入配置文件后已修改。

使能风扇冷却

图 3.2.3.31　其他参数设置

　（8）裁剪是指将模型从底部开始删除不需要的部分，将需要裁剪的高度填入模型底部裁剪选项，具体设置见图 3.2.3.32 模型底部裁剪。

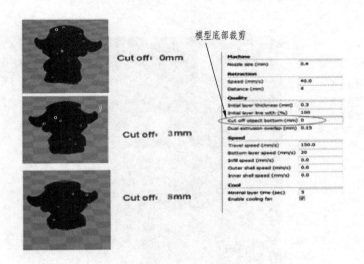

图 3.2.3.32　模型底部裁剪

为了方便操作，简化设置我们可以预存设置在软件中，具体设置见图 3.2.3.33。

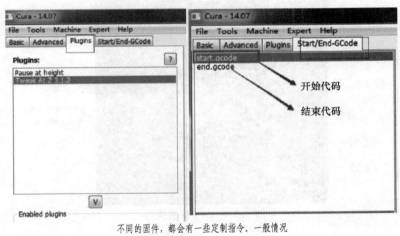

图 3.2.3.33　指令定制

3. 模型在软件中的基本操作

当设计好三维模型并转化为 STL 格式后，打开 Cura14.07 软件，对于要打印的产品放到软件中，可以看到在打印机中的位置，需要调整位置和设置打印的大小等，具体调整方法见图 3.2.3.34～图 3.2.3.39 的操作。

旋转操作的功能，将模型沿 X 轴、Y 轴、Z 轴旋转，最好做到让模型尽可能多与平台接触，这样做是为了减少支撑。

尺寸缩放操作的功能，将模型调整到需要打印的大小。

载入要打印的模型

将Gcode保存到文件

连接到youmagine网站

模型显示方式

拖动鼠标左键:移动模型
滚动鼠标滑轮:缩放视角
拖动鼠标右键:旋转视角
Shift+拖动右键:移动视角

左键选中模型后,弹出

旋转　　缩放　　镜像

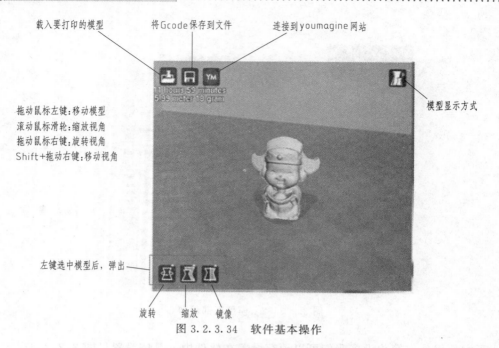

图 3.2.3.34　软件基本操作

X轴

Y轴

Z轴

Shift+鼠标左键:
一度一度的旋转

放置平台

重置设置

图 3.2.3.35　旋转操作

长、宽、高
的尺寸

缩放比例

直接修改数值

放到最大尺寸

重置设置

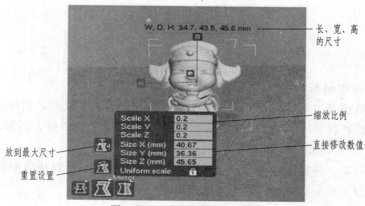

图 3.2.3.36　尺寸缩放操作

镜像操作的功能，沿 X、Y、Z 轴进行镜像化。

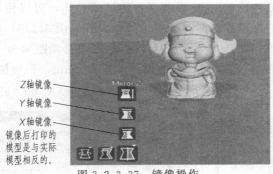

Z轴镜像
Y轴镜像
X轴镜像
镜像后打印的
模型是与实际
模型相反的。

图 3.2.3.37 镜像操作

视图操作，悬空视图主要查看悬空位置；层视图可模拟打印前的动作和步数。

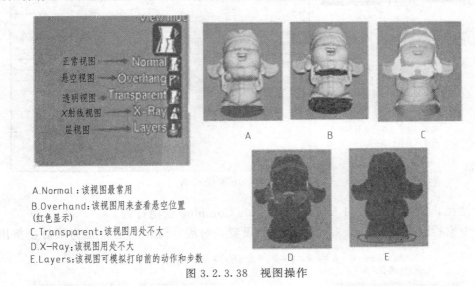

正常视图 —→ Normal
悬空视图 —→ Overhang
透明视图 → Transparent
X射线视图 —→ X-Ray
层视图 —→ Layers

A. Normal：该视图最常用
B. Overhand：该视图用来查看悬空位置
（红色显示）
C. Transparent：该视图用处不大
D. X-Ray：该视图用处不大
E. Layers：该视图可模拟打印前的动作和步数

图 3.2.3.38 视图操作

复制操作，如图 3.2.3.39 所示，选中模型点击右键选择复制模型，填入复制个数。

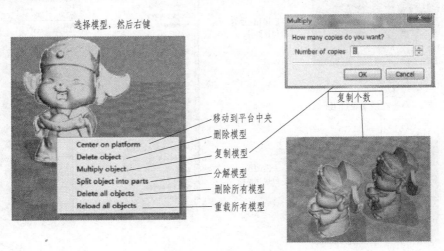

选择模型，然后右键

Multiply
How many copies do you want?
Number of copies
OK　　Cancel

复制个数

移动到平台中央
删除模型
复制模型
分解模型
删除所有模型
重载所有模型

Center on platform
Delete object
Multiply object
Split object into parts
Delete all objects
Reload all objects

图 3.2.3.39 复制操作

4. 软件专家模式

这一部分类似于其他软件的 help 帮助项，通过此操作，可以使产品的表面质量有所提高，主要涉及切片路径、支撑和打印路径等，具体设置见图 3.2.3.40～图 3.2.3.48。

打开专家栏目，按图 3.2.3.40 所示进行设置，最小移动距离为 1.5mm，最小挤出量为 0.02mm，回退时 Z 轴移动，如果要设置的话就设置为 2mm，一般使用默认。

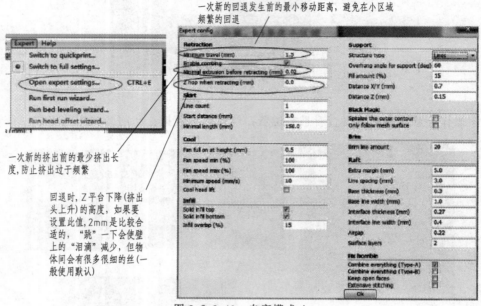

图 3.2.3.40　专家模式 A

切片路径，如图 3.2.3.41 所示，将 Enable Combing 选项打钩。

打开专家栏目，按图 3.2.3.42 所示进行设置，衬底（Skirt）通常是为了防止挤出头在

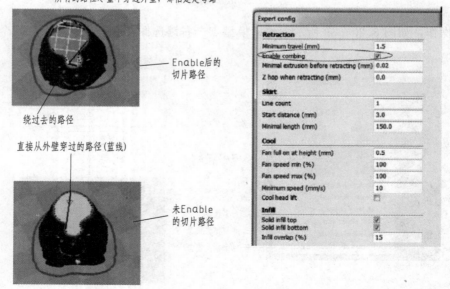

图 3.2.3.41　切片路径

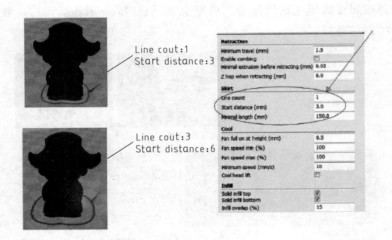

图 3.2.3.42　专家模式 B

打印前处于充满状态，而且只有当粘接类型（Adhesion type）处于无（None）的时候才有，一般为 1 即可，但当模型尺寸达到打印的极限尺寸时，最好将其设为 0，否则很有可能因为多出的这个衬底使打印尺寸过大。

打开专家栏目，按图 3.2.3.43 所示进行设置。冷却（Cool）项就是对冷却风扇的控制。风扇高度（Fan full on at height）达到某个温度时，冷却风扇全速打开。最小速度（Fan speed min）和最大速度（Fan speed max）是为了调整风扇速度去降低打印头的温度。如果打印的某一层没有设置速度，那么为了冷却，风扇就会以最小速度冷却。最小速度（Minimum speed）就是打印机喷头为了冷却风扇速度的下限。

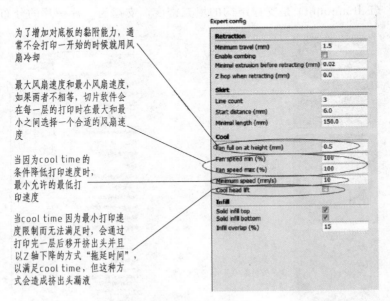

图 3.2.3.43　专家模式 C

打开专家栏目，按图 3.2.3.44 所示进行设置。填充（Infill）项，顶部实心填充（Solid infill top），如不勾选，则将按照设置填充比例打印。底部实心填充（Solid infill bottom），如不勾选，则将按照设置填充比例打印。填充交叉［Infill overlap（%）］，数字越大，说明与填充物连接牢固性越好。

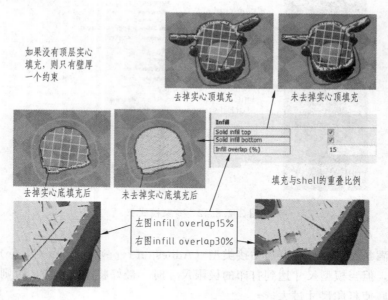

图 3.2.3.44　专家模式 D

　　支撑选项见图 3.2.3.45 和图 3.2.3.46，支撑（Support）可以设置支撑结构的形状及与模型的结合方式。结构类型（Structure type）就是支撑结构的形状，有格子状（Grid）和线状（Line）两种类型，格子状支撑结构就是相互交叉形状的填充，这种结构比较结实，但难于剥离。线状支撑结构就是平行直线填充，这种结构虽然强度不高，但易于剥离，实用性较强。填充量（Fill amount）是支撑结构的填充密度，支撑为一片一片的分布，每一片的填

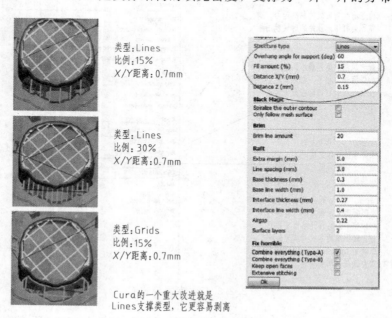

图 3.2.3.45　支撑选项一

充密度就是这个填充量，显然，这个填充量越大，支撑越结实，同时也更加难于剥离。15％是个比较平均的值。X/Y 距离（Distance X/Y）和 Z 距离（Distance Z）是指支撑材料在水平方向和竖直方向上的距离，是防止支撑和模型粘到一起而设置的。竖直方向的距离需要注意，太小了会是模型和支撑粘得太紧，难以剥离，太大了会造成支撑效果不好。一般来说一层高度的厚度比较适中。

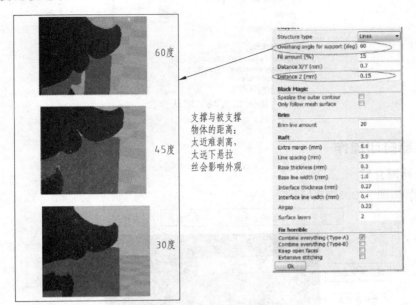

图 3.2.3.46　支撑选项二

打印路径（Black Magic）选择，选外部轮廓启用后，会在 Z 方向打印出一个结实底部的单面墙。选只打印模型表面后，不打印其他地方如填充、底部顶部等。

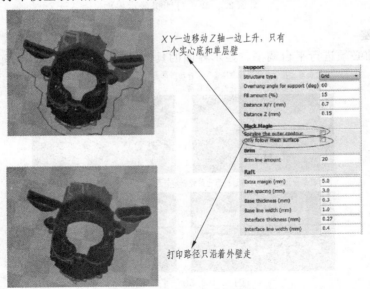

图 3.2.3.47　打印路径选择

图 3.2.3.48 中这些参数的数值默认即可。

Raft	
Extra margin (mm)	5
Line spacing (mm)	1.0
Base thickness (mm)	0.3
Base line width (mm)	0.7
Interface thickness (mm)	0.2
Interface line width (mm)	0.2
Airgap	0.22
Surface layers	2
Fix horrible	
Combine everything (Type-A)	☑
Combine everything (Type-B)	☐
Keep open faces	☐
Extensive stitching	☐

图 3.2.3.48　默认参数

三、机器打印操作

1. 显示界面介绍

显示界面如图 3.2.3.49 所示。

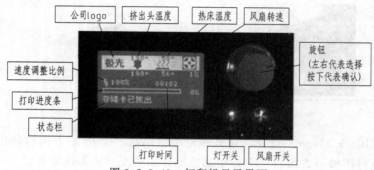

图 3.2.3.49　打印机显示界面

2. 平台调整

首次打印前必须进行平台调平，显示界面的具体操作步骤如图 3.2.3.50。

通过机器上控制旋钮选择"准备"—"自动回原点"；
机器开始向着光电限位开关的地方移动

直到机器停止运动时，通过机器上的控制旋钮选择"准备"—"关闭步进驱动"

图 3.2.3.50　平台调整

接下来进行如图 3.2.3.51 所示的四步操作，用手移动喷头套件至平台上后按图中所示方法调整平台。

(1)准备一张纸片(例如A4纸),平铺在玻璃板的右前方,然后让挤出头置于纸片上方,调节对应的下方的蝶形螺母,使纸片刚好抽不出即可。

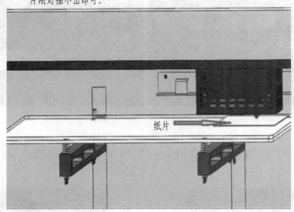

（a）平台调整过程1

(2)将纸片移动至玻璃板左前方,按照(1)中方法调节挤出头与纸片之间距离,使纸片刚好抽不出即可。

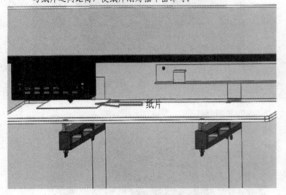

（b）平台调整过程2

(3)将纸片移至玻璃板左后方,按照(1)中方法调节挤出头与纸片之间距离,使纸片刚好抽不出即可。

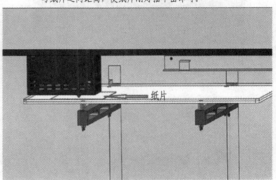

（c）平台调整过程3

(4)将纸片移至玻璃板右后方,按照(1)中方法调节挤出头与纸片之间距离,使纸片刚好抽不出即可。

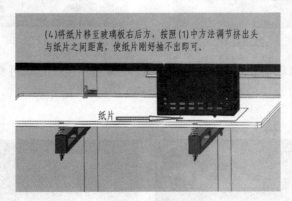

（d）平台调整过程4

图 3.2.3.51 平台调整过程

3. 安装耗材

按下旋钮后,选择预热相应的材料。图 3.2.3.52 说明演示的耗材是 PLA。

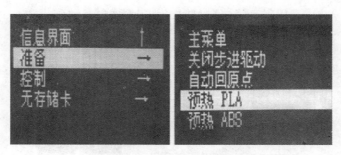

图 3.2.3.52　PLA 耗材

预热的同时，我们将料架安装到机箱上，如图 3.2.3.53～图 3.2.3.56 所示。

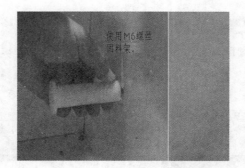

图 3.2.3.53　固定料架

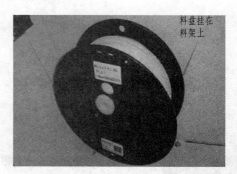

图 3.2.3.54　料盘安装

图 3.2.3.55　整理耗材

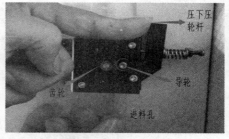

图 3.2.3.56　装料

电机会先快后慢自动进料，直到喷嘴均匀出丝为止（注：自动进料未成功时，请退料后再重复进料操作，切勿连续两次或两次以上进料）进料操作如图 3.2.3.57 所示，喷料如图 3.2.5.58 所示。

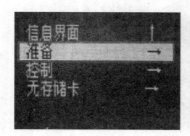

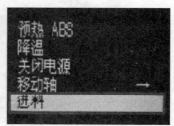

图 3.2.3.57　进料

图 3.2.3.58　喷料

　　耗材快用完时，我们需要暂停/停止打印，然后按图 3.2.3.59 所示操作，机器会在暂停约 30 秒后电机开始自动退出耗材，直至完全退出，按图 3.2.3.60 所示取料。

图 3.2.3.59　退料

4. 耗材更换注意事项

　　（1）当一卷耗材打印到快结束时，为避免因耗材送的太深退不出，而引起二次换料问题，切记不能让机器把料全部送入进料口，要及时更换新的耗材。

　　（2）无论是退料或进料都需要在喷头加热的情况下进行，切勿强行进/退料，以免造成送料机构不可逆的损坏。

5. 首次打印

（1）SD 卡脱机打印方法

　　a. 文件载入方法。如图 3.2.3.61～图 3.2.3.63 所示，点击 File→Load model file 选择文件（软件只支持 STL 或者 OBJ 格式的文件）。载入过程中会显示载入进度条，载入完成显示打印时间、模型重量、所用耗材长度。

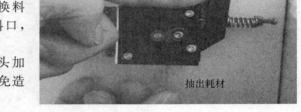

图 3.2.3.60　取料

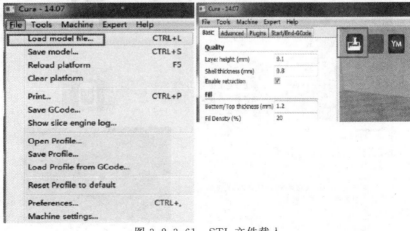

图 3.2.3.61　STL 文件载入

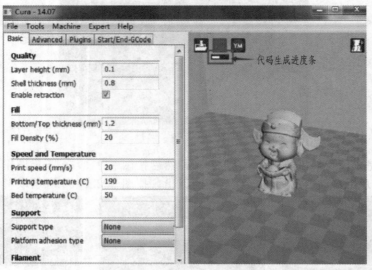

图 3.2.3.62　载入过程

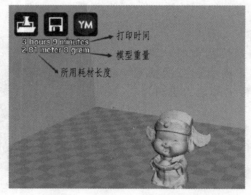

图 3.2.3.63　打印时间显示

　　b. 代码保存。如图 3.2.3.64 所示代码保存共有三种方式：点击 File→Save GCode；选择软件界面左上角的保存图标；在电脑插有 SD 卡时，选择软件界面左上角的 SD 卡保存图标。

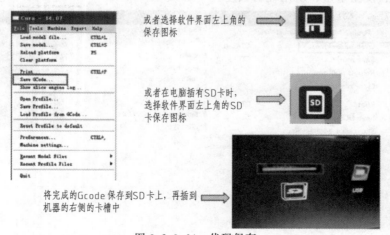

图 3.2.3.64　代码保存

c. 打印模型。如图 3.2.3.65 所示，打印模型操作如下。

图 3.2.3.65 打印模型操作

选择要打印的模型 GCode，按下旋钮。待温度升高到指定温度后，机器自动开始打印，直到结束（注：打印时，前 1～2 层若不能附着在平台之上，可边打印边微调平台以确保粘牢在平台上）。

d. 喷嘴和平台之间的距离判断。距离的远近直接影响到打印的好坏。

过远的距离：打印出的料是细圆的、不均匀的且有空隙和翘起，说明距离过远，耗材是靠重力作用垂到热床，形成圆润的条状，其黏附效果不佳，模型容易移动，打印效果非常不理想。如图 3.2.3.66 所示。

图 3.2.3.66 距离过远

过近的距离：出丝时，压在平台上会出现中间薄两边有不规则突起（毛刺）的，说明距离太近，距离过近甚至会造成无法出丝以及喷头移动时会刮带到之前打印的地方，如图 3.2.3.67 所示。

合适的距离：打印出的料扁平、无间隙、平铺在平台且无毛刺，表明喷头与热床距离合适，能保证打印出的耗材被紧压在热床上成平整的带状（扁平状），如图 3.2.3.68 所示。

图 3.2.3.67 距离过近

图 3.2.3.68 距离合适

（2）USB 联机打印方法

a. 设置打印。首先确认打印机和电脑通过 USB 连接。如图 3.2.3.69 所示，点击 Machine→Machine settings 或者 File→Machine settings 进入打印设置。

b. 修改串口号。如图 3.2.3.70 所示，在该界面下 Communication settings 中。串口是根据电脑而定，一般选 115200 或选择 AUTO 让机器自动识别。

联机打印时，客户需要用数据线将电脑和打印机连接起来，并在该项中设置正确串口和波特率。若未能成功安装驱动，可下载驱动精灵辅助安装或联系生产厂家售后服务。

需用USB线将打印机和电脑连接起来

图 3.2.3.69　打印设置

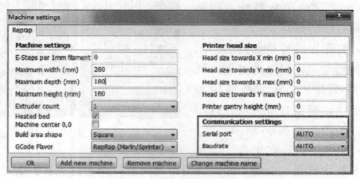

图 3.2.3.70　修改串口号

　　c. 联机打印。如图 3.2.3.71 所示，导入需要打印的模型，然后点击中间图标。打印过程如图 3.2.3.72、图 3.2.3.73 所示。

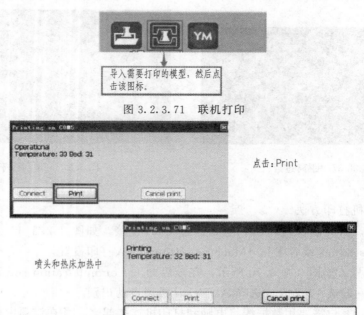

导入需要打印的模型，然后点击该图标。

图 3.2.3.71　联机打印

点击：Print

喷头和热床加热中

图 3.2.3.72　打印准备

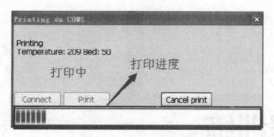

图 3.2.3.73　打印中

四、常见故障现象及处理方法（表 3.2.3.1）

表 3.2.3.1　常见故障现象及处理方法

序号	故障现象	故障原因	处理方法
1	打滑	耗材过细	剪掉过细耗材
2	温度异常	热电偶损坏	更换热电偶
3	打印错位	同步轮螺丝松动	检查并锁紧相关螺丝
4	打印样品翘边	平台没有调平	调平平台
5	无法转 G 代码	机型、喷头数没选择；存储路径不对	选择并更改
6	软件装不上	系统配置问题	重装系统

五、维护保养

3D 打印机保养注意事项如下。

（1）保养 X、Y、Z 轴：当机器运行的时候有噪音并且运动起来震动有些大时，需要清理一下导轨，添加一些润滑油以减少摩擦。具体方法：拿一块干净的布，滴上一些润滑油，均匀涂抹到导轨上（航空件不配备润滑油）。

（2）挤出机构保养：耗材在高温融化并冷却后变形不容易退出挤出机构，可用小铁丝捅挤出口。建议在打印工作结束后，尽量抽出挤出头内的残余打印材料。

（3）皮带保养：皮带松紧度要合适，否则影响皮带使用寿命。

皮带过紧，电机输出轴和滑轮径向力过大，影响其使用寿命。判断方法：皮带安装好之后，拉动皮带，如果皮带发出比较响的声音，表明皮带太紧了，需要调节到合适的松紧度。

皮带过松，会脱齿导致传动误差，影响打印效果。判断方法：用手正反方向旋转电机同步轮，如果挤出机构移动前后距离不相等，说明过松；也可以用手压一下皮带中间，如果轻轻压皮带弧度很大，说明皮带过松，需要进行调节。

工程四
工程训练

项目一　六阶孔明锁的三维建模及制作

任务一　六阶孔明锁三维建模

如图 4.1.1.1 所示为六阶孔明锁。

1. 一号锁栓模型绘制

一号锁栓尺寸如图 4.1.1.2 所示。

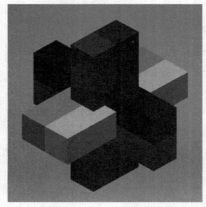

图 4.1.1.1　六阶孔明锁

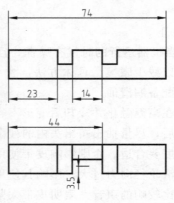
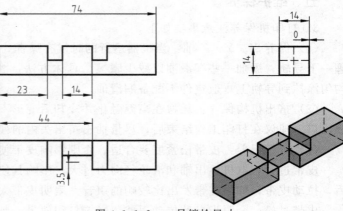

图 4.1.1.2　一号锁栓尺寸

（1）绘制图 4.1.1.3 所示草图 1，进行拉伸，拉伸长度为 14mm，得到模型如图 4.1.1.4 所示。

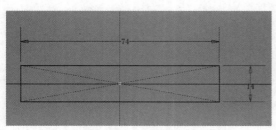

图 4.1.1.3　草图 1

图 4.1.1.4　草图 1 拉伸模型

（2）在图4.1.1.4的基础上绘制草图2（图4.1.1.5），进行拉伸，拉伸长度为7mm，得到模型如图4.1.1.6所示。

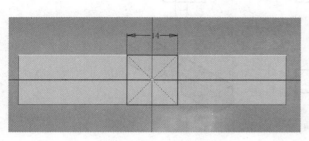

图4.1.1.5 草图2

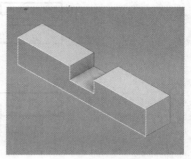

图4.1.1.6 草图2拉伸模型

（3）在图4.1.1.6的基础上绘制草图3（图4.1.1.7），进行拉伸，拉伸长度为7mm，得到模型如图4.1.1.8所示。

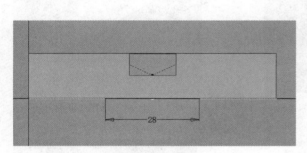

图4.1.1.7 草图3

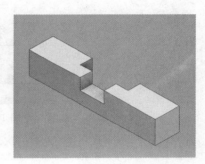

图4.1.1.8 草图3拉伸模型

（4）在图4.1.1.8的基础上绘制草图4（图4.1.1.9），进行拉伸，拉伸长度为7mm，得到模型如图4.1.1.10所示。

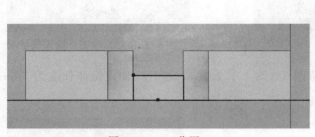

图4.1.1.9 草图4

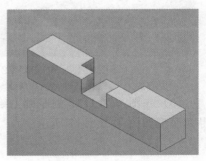

图4.1.1.10 草图4拉伸模型

2. 二号锁栓模型绘制

二号锁栓尺寸如图4.1.1.11所示。

（1）绘制图4.1.1.12所示草图1，进行拉伸，拉伸长度为14mm，得到模型如图4.1.1.13所示。

（2）在图4.1.1.13的基础上绘制草图2（图4.1.1.14），进行拉伸，拉伸长度为7mm，得到模型如图4.1.1.15所示。

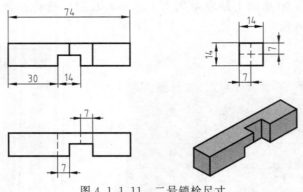

图 4.1.1.11　二号锁栓尺寸

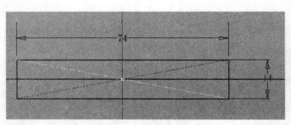

图 4.1.1.12　草图 1

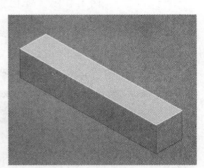

图 4.1.1.13　草图 1 拉伸模型

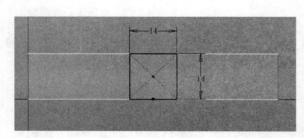

图 4.1.1.14　草图 2

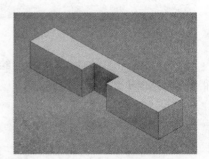

图 4.1.1.15　草图 2 拉伸模型

（3）在图 4.1.1.15 的基础上绘制草图 3（图 4.1.1.16），进行拉伸，拉伸长度为 7mm，得到模型如图 4.1.1.17 所示。

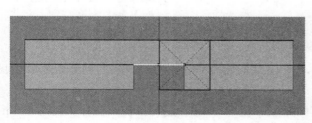

图 4.1.1.16　草图 3

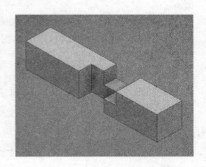

图 4.1.1.17　草图 3 拉伸模型

3. 三号锁栓模型绘制

三号锁栓尺寸如图 4.1.1.18 所示。

（1）绘制图 4.1.1.19 所示草图 1，进行拉伸，拉伸长度为 14mm，得到模型如图 4.1.1.20 所示。

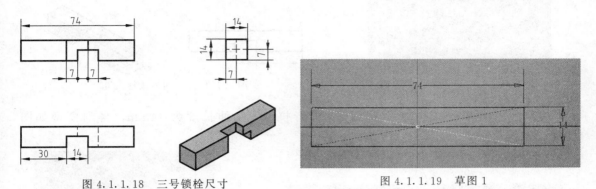

图 4.1.1.18　三号锁栓尺寸　　　　　　图 4.1.1.19　草图 1

（2）在图 4.1.1.20 的基础上绘制草图 2（图 4.1.1.21），进行拉伸，拉伸长度为 7mm，得到模型如图 4.1.1.22 所示。

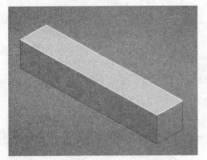 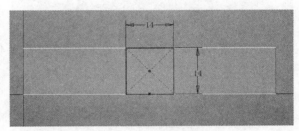

图 4.1.1.20　草图 1 拉伸模型　　　　　　图 4.1.1.21　草图 2

（3）在图 4.1.1.22 的基础上绘制草图 3（图 4.1.1.23），进行拉伸，拉伸长度为 7mm，得到模型如图 4.1.1.24 所示。

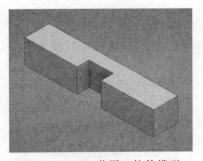

图 4.1.1.22　草图 2 拉伸模型　　　　　　图 4.1.1.23　草图 3

4. 四号锁栓模型绘制

四号锁栓尺寸如图 4.1.1.25 所示。

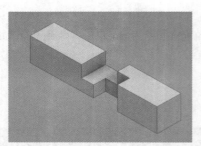

图 4.1.1.24　草图 3 拉伸模型

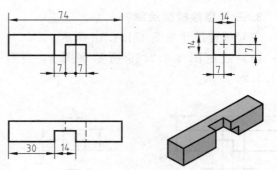

图 4.1.1.25　四号锁栓尺寸

（1）绘制图 4.1.1.26 所示草图 1，进行拉伸，拉伸长度为 14mm，得到模型如图 4.1.1.27 所示。

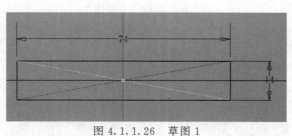

图 4.1.1.26　草图 1

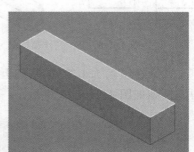

图 4.1.1.27　草图 1 拉伸模型

（2）在图 4.1.1.27 的基础上绘制草图 2（图 4.1.1.28），进行拉伸，拉伸长度为 7mm，得到模型如图 4.1.1.29 所示。

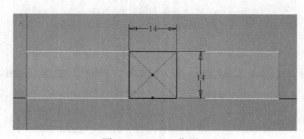

图 4.1.1.28　草图 2

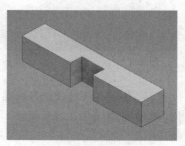

图 4.1.1.29　草图 2 拉伸模型

（3）在图 4.1.1.29 的基础上绘制草图 3（图 4.1.1.30），进行拉伸，拉伸长度为 7mm，得到模型如图 4.1.1.31 所示。

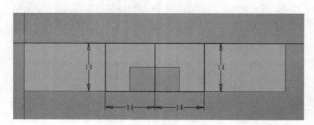

图 4.1.1.30　草图 3

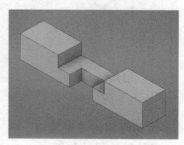

图 4.1.1.31　草图 3 拉伸模型

5. 五号锁栓模型绘制

五号锁栓尺寸如图 4.1.1.32 所示。

（1）绘制图 4.1.1.33 所示草图 1，进行拉伸，拉伸长度为 14mm，得到模型如图 4.1.1.34 所示。

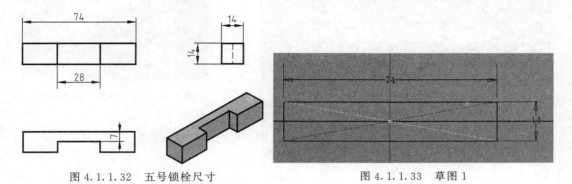

图 4.1.1.32 五号锁栓尺寸　　　　图 4.1.1.33 草图 1

（2）在图 4.1.1.34 的基础上绘制草图 2（图 4.1.1.35），进行拉伸，拉伸长度为 7mm，得到模型如图 4.1.1.36 所示。

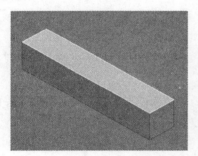
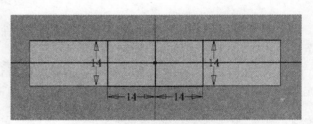

图 4.1.1.34 草图 1 拉伸模型　　　　图 4.1.1.35 草图 2

6. 六号锁栓模型绘制

六号锁栓尺寸如图 4.1.1.37 所示。

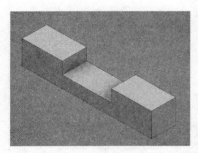
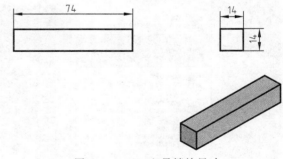

图 4.1.1.36 草图 2 拉伸模型　　　　图 4.1.1.37 六号锁栓尺寸

绘制图 4.1.1.38 所示草图 1，进行拉伸，拉伸长度为 14mm，得到模型如图 4.1.1.39 所示。

7. 生成 3D 打印文件

（1）将六个锁栓模型进行保存，保存为 .ipt 文件，如图 4.1.1.40 所示。

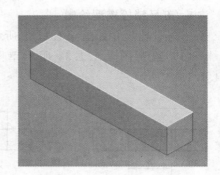

图 4.1.1.38　草图 1

图 4.1.1.39　草图 1 拉伸模型

图 4.1.1.40　模型保存

(2) 将每个模型导出 3D 打印文件。点击"文件"，在下拉列表框中选取"导出"→"CAD 格式"，如图 4.1.1.41 所示。

(3) 在弹出的"另存为"对话框中，选取保存路径，编辑好文件名，并将"保存类型"设定为"STL 文件"，如图 4.1.1.42 所示。

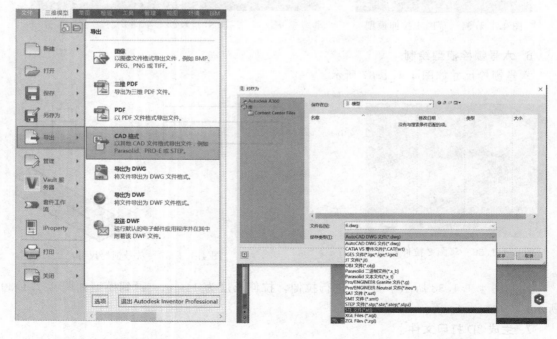

图 4.1.1.41　导出位置

图 4.1.1.42　导出 STL 文件

任务二　六阶孔明锁制作

3D 打印一般步骤是先构思三维模型，即画三维图，然后保存 STL 格式，选择 3D 打印支持的切片软件，转化成 3D 机器识别的语言，最后设置 3D 打印机的各参数，打印产品或作品。我们现在选用的是滕州安川自动化机械有限公司与珠海西通电子有限公司共同研制的多功能 3D 打印机，下面我们就按照以上思路来打印六阶孔明锁。

对于 FORMAKER 3D 打印机它需要的切片软件是 Makerware，下面讲解软件如何操作以及打印机使用过程。

一、Makerware 切片软件功能及设置

关于切片软件的安装在前面已有详细的介绍。对于已经装好软件的电脑我们要了解它的软件功能和如何操作。打开 Makerware 可以看到如图 4.1.2.1 所示界面。表 4.1.2.1 为各功能键操作说明。

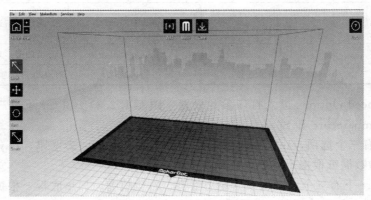

图 4.1.2.1　Makerware 界面

表 4.1.2.1　功能键操作说明

功能图标	操作说明	功能图标	操作说明
Look	文件查看工具	Move	文件位置摆放工具
Turn	文件旋转工具	Scale	文件比例调节工具
Object	左右头工具选项	[+] Add	添加文件工具
Make	文件切片生成工具	Save	文件保存工具
Home View	视图放大缩小工具	Help!	软件功能介绍帮助

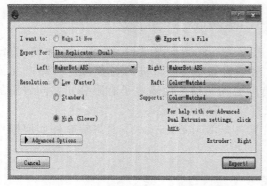

图 4.1.2.2　Makerware 切片参数详细情况

软件操作步骤：点击 [+]工具打开 STL 文件后使用 工具把文件摆放到水平面板之上，再使用 工具调整好最佳打印角度，超过最大打印尺寸的文件无法摆放时可以经过 工具成比例缩小或放大，完成以上操作后再点击 选择打印头，选择用左边的还是右边的打印头打印，选择完毕后点击 ，切片详细参数设置见图 4.1.2.2，各功能键操作说明见表 4.1.2.2。

表 4.1.2.2　功能键操作说明

功能图标	操作说明	功能图标	操作说明
Export for	The Replicator（Dual）打印机型号	Left 与 Right	左边和右边喷头材料选择
Raft	打印机承料台底部设置	Supports	悬空的图形自动添加支持材料
Resolution	打印精度选择	profile	对应的三个选项，粗糙、标准、精细

点击 Advanced Options 进入打印参数设置（图 4.1.2.3）。Slicer 下有三个选项，分别是 Quality、Temperature 和 Speed。

Quality 下有三个选项，Infill 为填充率，Number of Shells 为壁厚，Layer Height 为精度。每个选项的数据可根据个人要求调整。

Temperature 下有三个温度选项，左边喷嘴、右边喷嘴、加热底板，根据所选择的材料选择不同的温度。官方建议：ABS 材料，喷嘴 220°～230°，底板 110°；PLA 材料，喷嘴 205°～210°，底板 40°～60°。

Speed 速度选项，建议最大不要超过 80。官方建议速度：ABS 建议速度在 30～35 到 40～45；PLA 建议速度在 50～55 到 55～60。完成以上设置后点击 Export 按键会弹出路径选择对话框，请选择一个文件地址保存文件，一定要重命名，在文件名前添加 3D，后用 SD 卡拷贝已经生成的 X3G 格式的文件，直接插上打印机开始选择打印。

二、打印机功能设置及操作

1. 打印机功能设置

LED 触摸屏功能说明在前面已有叙述。机器电源打开后，显示主菜单界面，如图 4.1.2.4。选择进入 SD 卡文件浏览，可直接选择文件打印。选择 "Settings" 进入设置界面，选择 "Preheat" 进入预热操作，直接触摸 "ON/OFF" 按键选择左右打印头和加热平台，触摸 "Preheat" 机器开始

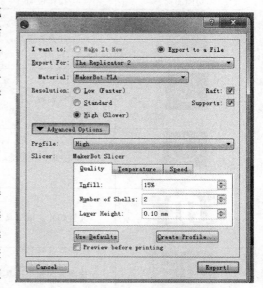

图 4.1.2.3　Makerware 打印参数设置

预热。选择"Utilities"进入辅助工具子菜单辅助工具子菜单有七个选项。

（1）监控模式 选择"Monitor Mode"进入监控界面，监控目前喷头和平台的温度。此功能主要是针对 FDM 3D 打印功能。

（2）丝料更换 选择"Change Filament"进行丝料更换操作，根据屏幕的提示先退出喷头上的丝料，再插入新的丝料。此功能主要是针对 FDM 3D 打印功能。

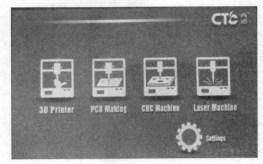

图 4.1.2.4 主菜单

（3）打印平台调整 选择"Level Build Plate"进行打印平台调平，根据屏幕的提示进行操作。打印平台出现不平衡的时候才需要进入此界面进行调整，正常情况下，只需要在第一次使用时调整。

（4）返回原点 选择"Home Axes"控制喷头返回机械原点坐标位置。

（5）点动模式 选择"Jog Mode"进入点动控制界面，通过对应的"－"和"＋"键选择移动对应的 X、Y、Z 轴方向。

（6）运行向导程序 选择"Run Startup Script"，打印机会自动运行第一次开机时的使用向导程序。进入"运行向导程序"无退出返回键，必须按流程走完全部的流程，若需要强制退出，只能开机重启。

（7）使能电机 选择"Disable Steppers"，将使能三个轴的电机。

2. 打印机参数与设置

选择"Info and Settings"进入参数与设置子菜单。

（1）常规参数设置 选择"General Settings"进入常规参数设置界面，可通过触摸按键选择参数。

选择"LED Color"可进入 LED 颜色选项，但该功能未使用，故修改参数也无法改变 LED 颜色。

（2）预热参数设置 选择"Preheat Settings"进入预热参数设置界面，触摸白色方形区域通过键盘输入参数。此功能主要是针对 FDM 3D 打印功能。

（3）恢复默认设置 选择"Restore Defaults"，可以恢复出厂参数设置。

（4）设备信息 选择"Bot Statistics"进入设备信息界面，查看打印机的总打印时长和最后一次打印时长。

根据工程三 3D 打印技术的任务三和任务四的操作，打开打印机，调整打印平台、安装耗材等准备工作后，将保存有打印文件名为 3dkongmingsuo.X3G 的 SD 卡插入打印机右侧的卡槽内。待温度升高到设置温度后，机器自动开始打印。最后打印成品如图 4.1.1.1 所示。

项目二 手爪机器人的三维建模及制作

任务一 手爪机器人三维建模

建模手爪机器人如图 4.2.1.1 所示。

1. 底座模型绘制

（1）绘制草图 1，如图 4.2.1.2 所示。进行拉伸，拉伸长度 200mm，模型如图 4.2.1.3

所示。

图 4.2.1.1　手爪机器人

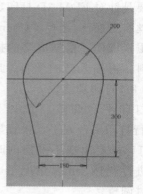

图 4.2.1.2　草图 1

（2）绘制草图 2，如图 4.2.1.4 所示。进行拉伸，拉伸长度 100mm，模型如图 4.2.1.5 所示。

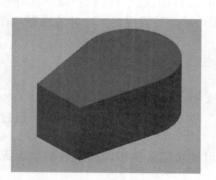

图 4.2.1.3　拉伸模型

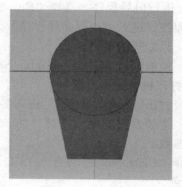

图 4.2.1.4　草图 2

（3）绘制草图 3，如图 4.2.1.6 所示。进行拉伸，拉伸长度 15mm，模型如图 4.2.1.7 所示。

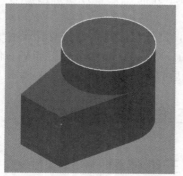

图 4.2.1.5　拉伸模型

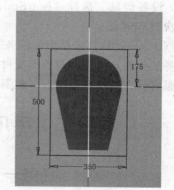

图 4.2.1.6　草图 3

（4）对模型转折处进行圆角，分别为 10mm、30mm、50mm，模型如图 4.2.1.8 所示。

图 4.2.1.7　拉伸模型

图 4.2.1.8　圆角后模型

（5）绘制草图 4，如图 4.2.1.9 所示。进行拉伸，拉伸长度 20mm，模型如图 4.2.1.10 所示。

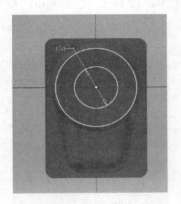

图 4.2.1.9　草图 4

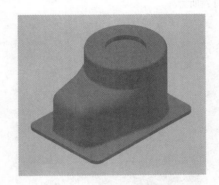

图 4.2.1.10　拉伸模型

2. 关节一模型绘制

（1）绘制草图 1，如图 4.2.1.11 所示。进行拉伸，拉伸长度 30mm，模型如图 4.2.1.12 所示。

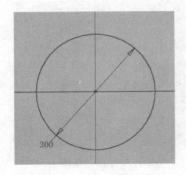

图 4.2.1.11　草图 1

图 4.2.1.12　拉伸模型

（2）绘制草图 2，如图 4.2.1.13 所示。进行拉伸，拉伸长度 240mm，模型如图 4.2.1.14 所示。

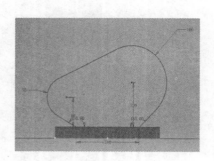

图 4.2.1.13　草图 2

图 4.2.1.14　拉伸模型

（3）对模型转折处进行圆角，分别为 3mm、10mm、15mm，模型如图 4.2.1.15 所示。

（4）绘制草图 3，如图 4.2.1.16 所示。进行拉伸，拉伸长度 20mm，模型如图 4.2.1.17 所示。

图 4.2.1.15　圆角后模型

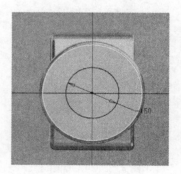

图 4.2.1.16　草图 3

（5）绘制草图 4，如图 4.2.1.18 所示。进行拉伸，拉伸长度 20mm，模型如图 4.2.1.19 所示。

图 4.2.1.17　拉伸模型

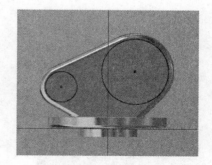

图 4.2.1.18　草图 4

（6）绘制草图 5，如图 4.2.1.20 所示。进行拉伸，拉伸长度 60mm，模型如图 4.2.1.21 所示。

（7）对模型转折处进行圆角，数值为 10mm，模型如图 4.2.1.22 所示。

图 4.2.1.19　拉伸模型

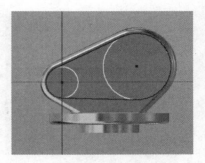

图 4.2.1.20　草图 5

图 4.2.1.21　拉伸模型

图 4.2.1.22　圆角后模型

（8）绘制草图 6，如图 4.2.1.23 所示。进行拉伸，拉伸长度 20mm，模型如图 4.2.1.24 所示。

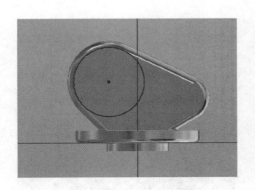

图 4.2.1.23　草图 6

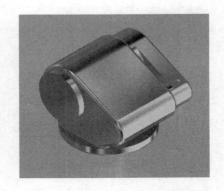

图 4.2.1.24　拉伸模型

（9）绘制草图 7，如图 4.2.1.25 所示。进行拉伸，拉伸长度 20mm，模型如图 4.2.1.26 所示。

3. 关节二模型绘制

（1）绘制草图 1，如图 4.2.1.27 所示。进行拉伸，拉伸长度 60mm，模型如图 4.2.1.28 所示。

（2）绘制草图 2，如图 4.2.1.29 所示。进行拉伸，拉伸长度 20mm，模型如图 4.2.1.30 所示。

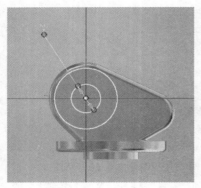

图 4.2.1.25　草图 7

图 4.2.1.26　拉伸模型

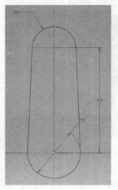

图 4.2.1.27　草图 1

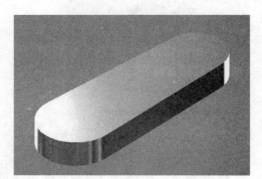

图 4.2.1.28　拉伸模型

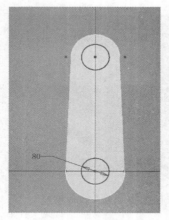

图 4.2.1.29　草图 2

图 4.2.1.30　拉伸模型

（3）对模型转折处进行圆角，数值为 15mm，模型如图 4.2.1.31 所示。

4. 关节三模型绘制

（1）绘制草图 1，如图 4.2.1.32 所示。进行拉伸，拉伸长度 50mm，模型如图 4.2.1.33 所示。

（2）绘制草图 2，如图 4.2.1.34 所示。进行拉伸，拉伸长度 180mm，模型如图 4.2.1.35 所示。

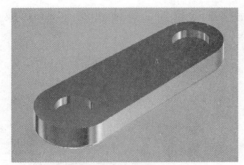

图 4.2.1.31　圆角后模型

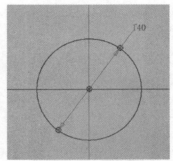

图 4.2.1.32　草图 1

图 4.2.1.33　拉伸模型

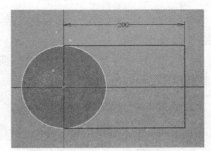

图 4.2.1.34　草图 2

（3）绘制草图 3，如图 4.2.1.36 所示。进行拉伸，拉伸长度 20mm，模型如图 4.2.1.37 所示。

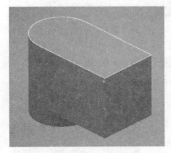

图 4.2.1.35　拉伸模型

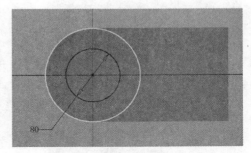

图 4.2.1.36　草图 3

（4）对模型转折处进行圆角，数值为 10mm，模型如图 4.2.1.38 所示。

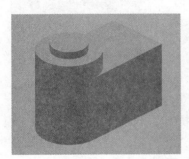

图 4.2.1.37　拉伸模型

图 4.2.1.38　圆角后模型

（5）绘制草图 4，如图 4.2.1.39 所示。进行拉伸，拉伸长度 20mm，模型如图 4.2.1.40 所示。

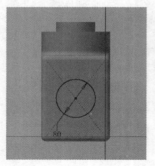

图 4.2.1.39 草图 4

图 4.2.1.40 拉伸模型

5. 关节四模型绘制

（1）绘制草图 1，如图 4.2.1.41 所示。进行拉伸，拉伸长度 80mm，模型如图 4.2.1.42 所示。

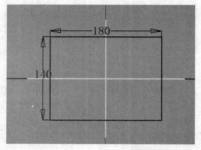

图 4.2.1.41 草图 1

图 4.2.1.42 拉伸模型

（2）绘制草图 2，如图 4.2.1.43 所示。进行拉伸，拉伸长度 200mm，模型如图 4.2.1.44 所示。

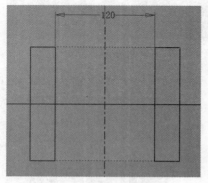

图 4.2.1.43 草图 2

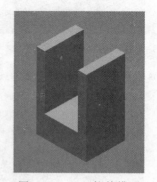

图 4.2.1.44 拉伸模型

（3）绘制草图 3，如图 4.2.1.45 所示。进行拉伸，拉伸长度 200mm，模型如图 4.2.1.46 所示。

（4）对模型转折处进行圆角，数值为 10mm，模型如图 4.2.1.47 所示。

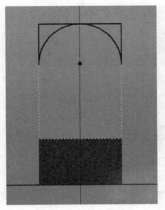

图 4.2.1.45 草图 3

图 4.2.1.46 拉伸模型

（5）绘制草图 4，如图 4.2.1.48 所示。进行拉伸，拉伸长度 20mm，模型如图 4.2.1.49 所示。

图 4.2.1.47 圆角后模型

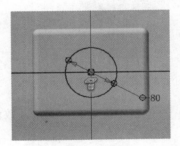

图 4.2.1.48 草图 4

（6）绘制草图 5，如图 4.2.1.50 所示。进行拉伸，拉伸长度 20mm，模型如图 4.2.1.51 所示。

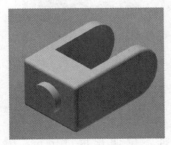

图 4.2.1.49 拉伸模型

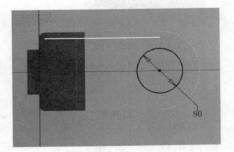

图 4.2.1.50 草图 5

6. 关节五模型绘制

（1）绘制草图 1，如图 4.2.1.52 所示。进行拉伸，拉伸长度 180mm，模型如图 4.2.1.53 所示。

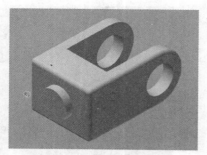

图 4.2.1.51　拉伸模型

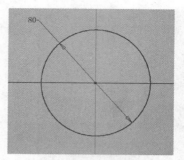

图 4.2.1.52　草图 1

（2）绘制草图 2，如图 4.2.1.54 所示。进行拉伸，拉伸长度 120mm，模型如图 4.2.1.55 所示。

图 4.2.1.53　拉伸模型

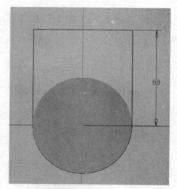

图 4.2.1.54　草图 2

（3）对模型转折处进行圆角，数值为 5mm，模型如图 4.2.1.56 所示。

图 4.2.1.55　拉伸模型

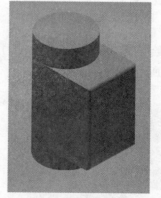

图 4.2.1.56　圆角后模型

（4）绘制草图 3，如图 4.2.1.57 所示。进行拉伸，拉伸长度 10mm，模型如图 4.2.1.58 所示。

7. 手爪模型绘制

绘制草图 1，如图 4.2.1.59 所示。进行拉伸，拉伸长度 80mm，模型如图 4.2.1.60 所示。

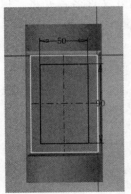

图 4.2.1.57　草图 3

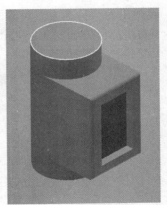

图 4.2.1.58　拉伸模型

图 4.2.1.59　草图 1

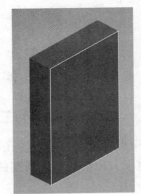

图 4.2.1.60　拉伸模型

8. 生成 3D 打印文件

（1）将六个锁栓模型进行保存，保存为 .ipt 文件，如图 4.2.1.61 所示。

（2）将每个模型导出 3D 打印文件。点击"文件"，在下拉列表框中选取"导出"→"CAD 格式"，如图 4.2.1.62 所示。

图 4.2.1.61　模型保存

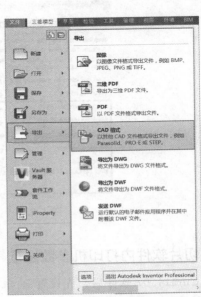

图 4.2.1.62　导出位置

（3）在弹出的"另存为"对话框中，选取保存路径，编辑好文件名，并将"保存类型"设定为"STL 文件"，如图 4.2.1.63 所示。

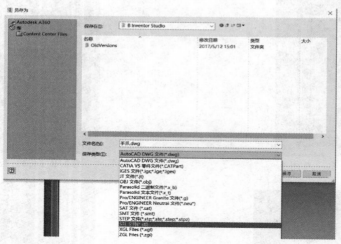

图 4.2.1.63　导出 STL 文件

任务二　手爪机器人的制作

3D 打印一般步骤与打印六阶孔明锁一样，这次选用的是滕州安川自动化机械有限公司与珠海西通电子有限公司共同研制的工业级 3D 打印机，下面我们就按照上节思路来打印手爪机器人。

一、切片软件内打印机的基本设置

先选择 3D 打印机支持的切片软件，这款 3D 打印机选用 Cura14.07。在安装时做好打印机的基本设置，设置情况见图 4.2.2.1。

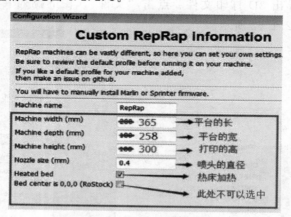

图 4.2.2.1　3D 打印机基本设置

二、切片软件内打印机参数设置

打开 Cura14.07 软件后，先设置 Basic 和 Advanced 项目，设置情况见图 4.2.2.2。具体参数设置见表 4.2.2.1。参数将变为设备公司认可的打印参数。

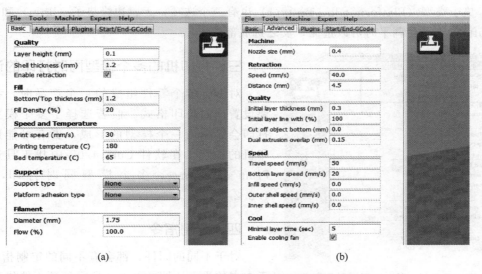

(a)   (b)

图 4.2.2.2 软件内打印机参数设置

表 4.2.2.1 参数设置参考表

基本设置（Basic）	参考数值	高级设置（Advanced）	参考数值
层厚（Layer height）	0.1	喷头直径（Nozzle Sile）	0.4
外壳厚度（Shell thickness）	1.2	回退速度（Speed）	40
底部/顶部厚度（Bottom/Top thickness）	1.2	回退距离（Distance）	4.5
填充密度（Fill Density）	20	最底层厚度（Initial layer thickness）	0.3
打印速度（Print speed）	30	最底层出丝比例（Initial layer line with）	100
打印温度（Printing temperature）	180	模型底部裁剪（Cut off object bottom）	0
热床（Bed temperature）	65	双挤出头设置，可不用（Dual extrusion overlap）	0.15
材料直径（Diameter）	1.75	不打印时速度（Travel speed）	50
出丝比例（Flow）	100	填充壳内外部速度设置，0.0 代表默认速度，Shell speed 建议选小于 60（Bottom layer speed、Infill speed、Outer shell speed）	20
垫子类型（Platform adhesion type）		支撑类型（Support type）	

各主要参数解析：层厚（Layer height），是指打印一层的厚度，数字越小精度越高，但打印时间越长。取值在 0.06～0.25mm，一般选 0.1mm 就可以了。外壳厚度（Shell thickness），尽量选用挤出头的整数倍，多数选 0.8mm。退丝（Enable retraction），这是为了在打印中打印头快速移动时，不让熔融的材料受重力影响滴落在产品上，故选择退丝。底部/顶部厚度（Bottom/Top thickness），当外壳厚度在 0.6mm 时，容易造成空洞，一般选 1.2mm。填充密度（Fill Density），如果强度要求不高，选 10%。打印速度（Print speed）、打印温度（Printing temperature）和热床（Bed temperature）这三个参数，速度一般选 40～60mm/s，对于 PLA 材料，打印温度选 180～185℃、热床温度选 60～70℃；而 ABS 材料，打印温度选 245～255℃、热床温度选 90～100℃。打印速度快，层厚又比较大时，把温度设高一点，相反就设低一点。材料直径（Diameter Flow），本设备是 1.75mm，出丝比例（Flow），增大表面会有凸点。支撑类型（Support type）有三个选项，无、平台接触和所有

位置。垫子类型（Platform adhesion type）也有三个选项，无、边缘垫子（brim）和底部垫子（raft）。当平台调平时可以选无，反之选底部垫子。

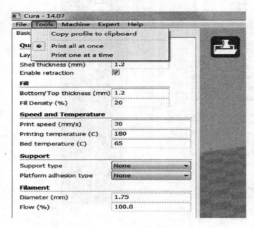

图 4.2.2.3　多个模型同时打印

三、打印机的多个模型同时打印的设置

对于有多个零件组成的一个产品时，我们需要设置同时打印格式。假若选择了多个模型逐一打印会影响后一个模型的形成，更有可能造成打印机的损坏。在软件 Cura14.07 中找工具选项的 Print all at once，多个模型同时打印，如图 4.2.2.3 所示。

四、定制指令

对于不同的固件，都会有不同的定制指令。对于本书的设备，图 4.2.2.4 所示两项不能修改。

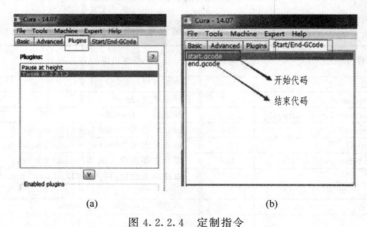

(a)　　　　　　　　　　(b)

图 4.2.2.4　定制指令

五、切片软件将 STL 格式文件转化成机器语言的方法

图 4.2.2.5　转化成机器语言的方法

图 4.2.2.5 中，当将目标选中时，拖动鼠标左键可以移动模型；滚动鼠标滑轮可以缩放视角；拖动鼠标右键可以旋转视角；Shift＋拖动鼠标右键可以移动视角。表 4.2.2.2 是具体的图标和对应的动作。

表 4.2.2.2 图标及动作含义

图 标	动 作	图 标	动作
	载入要打印的模型 STL 格式文件		放置平台
	将 STL 格式保存到打印文件		重置设置
 YM	连接到 youmagine 网站	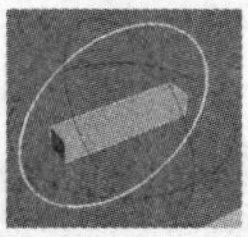	绿色是 X 轴旋转,黄色是 Y 轴旋转,红色是 Z 轴旋转
	模型显示方式		放大到最大尺寸
	旋转视角		缩放重置设置
	缩放视角	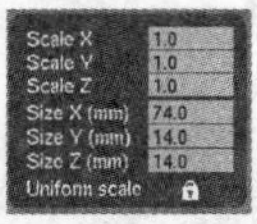 Scale X 1.0 / Scale Y 1.0 / Scale Z 1.0 / Size X (mm) 74.0 / Size Y (mm) 14.0 / Size Z (mm) 14.0 / Uniform scale	缩放比例,数字修改
	镜像(与实际模型相反)	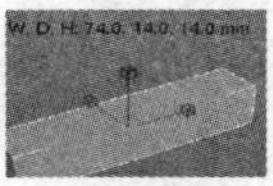 W,D,H 74.0,14.0,14.0 (mm)	长宽高尺寸
 Normal	正常视图(常选用)	 Overhang	悬空视图
 Transparent	透明视图	 X-Ray	X 射线视图
 Layers	层视图(可模拟打印前的动作和步数)		
Center on platform	移动到平台中央	Delete object	删除模型
Multiply object	复制模型	Split objet into parts	分解模型
Delete all objects	删除所有模型	Reload all objects	重载所有模型

六、保存打印文件

将手爪机器人的 6 个 STL 文件转换成机器语言,并保存 gcode 格式(图 4.2.2.6)。最后复制到读卡器上。

七、机器打印操作

根据工程三 3D 打印技术的任务三和任务四的操作,打开打印机,调整打印平台、安装

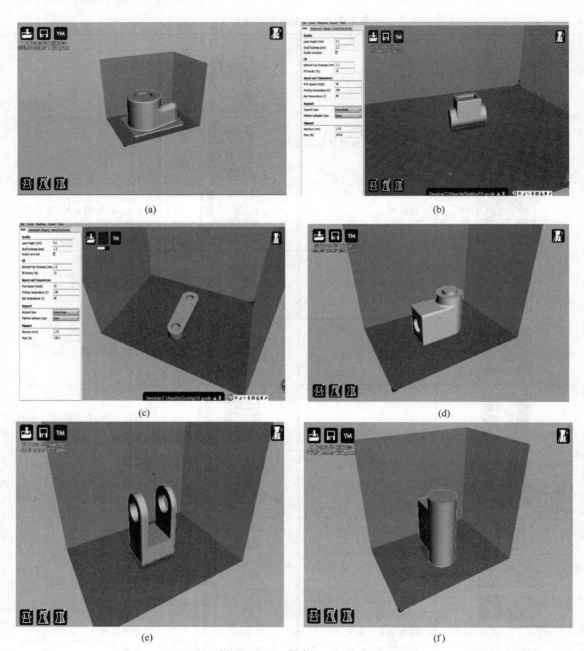

图 4.2.2.6 保存 gcode 格式

耗材等准备工作后，将保存有打印文件的 gcode 格式的 SD 卡插入打印机右侧的卡槽内。在打印机信息显示界面选择要打印的模型 gcode 文件，按下旋钮。待温度升高到 gcode 内设置温度后，机器自动开始打印，直到结束（注：打印时，前 1～2 层若不能附着在平台之上，可边打印边微调平台以确保粘牢在平台上）最后打印成品如图 4.2.1.1 所示手爪机器人。

附录

相关国家标准

一、常用的螺纹及螺纹紧固件

GB/T 192—2003　普通螺纹　基本牙型

GB/T 193—2003　普通螺纹　直径与螺距系列

GB/T 196—2003　普通螺纹　基本尺寸

GB/T 197—2003　普通螺纹　公差

GB/T 7306.2—2000 55°密封管螺纹　第 2 部分：圆锥内螺纹与圆锥外螺纹

GB/T 7307—2001 55°非密封管螺纹

GB/T 41—2016 1 型六角螺母　C 级

GB/T 68—2016　开槽沉头螺钉

GB/T 70.1—2008　内六角圆柱头螺钉

GB/T 73—2017　开槽平端紧定螺钉

GB/T 75—1985　开槽长圆柱端紧定螺钉

GB/T 68—2016　开槽沉头螺钉

GB/T 97.1—2002　平垫圈 A 级

二、键与销

GB/T 91—2000　开口销

GB/T 117—2000　圆锥销

GB/T 119.1—2000　圆柱销　不淬硬钢和奥氏体不锈钢

GB/T 1098—2003　半圆键　键槽的剖面尺寸

GB/T 1095—2003　平键　键槽的剖面尺寸

GB/T 1096—2003　普通型　平键

GB/T 1098—2003　半圆键　键槽的剖面尺寸

GB/T 1099.1—2003　普通型　半圆键

三、轴、孔的极限偏差

GB/T 1800.2—2009　产品几何技术规范（GPS）极限与配合　第 2 部分：标准公差等级和孔、轴极限偏差表

GB/T 1801—2009　产品几何技术规范（GPS）极限与配合　公差带和配合的选择

四、标准结构

GB/T 3—1997　普通螺纹收尾、肩距、退刀槽和倒角
GB/T 145—2001　中心孔
GB/T 152.2—2014　紧固件　沉头螺钉用沉孔
GB/T 152.3—1988　紧固件　圆柱头用沉孔
GB/T 152.4—1988　紧固件六角头螺栓和六角螺母用沉孔
GB/T 6403.3—2008　滚花
GB/T 6403.4—2008　零件倒圆与倒角
GB/T 6403.5—2008　砂轮越程槽

参 考 文 献

[1] 阮春红. 3D工程制图·理论篇. 武汉：华中科技大学出版社，2014.

[2] 唐建成. 机械制图及CAD基础. 北京：北京理工大学出版社，2013.

[3] 马义荣. 工程制图及CAD. 北京：机械工业出版社，2011.

[4] 何铭新. 机械制图. 北京：高等教育出版社，2010.

[5] 徐茂功. 公差配合与技术测量. 北京：机械工业出版社，2013.

[6] 刘朝儒，吴志军，高政一. 机械制图. 北京：高等教育出版社，2006.

[7] 焦永和，叶玉驹，张彤. 机械制图手册. 北京：机械工业出版社，2012.

[8] 田凌. 机械制图. 北京：清华大学出版社，2013.

[9] 陈伯雄. 基础篇-Inventor机械设计解析与实战. 北京：化学工业出版社，2013.

[10] 贾雪艳，涂嘉. Autodesk Inventor 2016 中文版从入门到精通. 北京：机械工业出版社，2016.

[11] 陈道斌，殷海丽. 工业产品设计（Inventor 2012）. 北京：电子工业出版社，2012.

[12] 毕梦飞，马茂林. Autodesk Inventor 2016 官方标准教程. 北京：电子工业出版社，2016.